目的思維

用最小努力，獲得最大成果的方法

望月安迪 著
李瓔祺 譯

三民書局

前言
關於「為了什麼」的故事

你的工作是在「做什麼」？

「正在做新商品的企劃。」
「正在做下個月的客戶訪問名單。」
「正在做下期的生產計劃的估價。」
「正在設計新系統的工作流程。」
「正在制定新的人事評估制度。」
「正在製作下年度的應屆畢業生雇用計劃。」

你的工作是在「做什麼」？——這個問題多數人應該可以毫不猶豫地回答出來吧。

研究所修畢，剛進入目前仍在職的這家管理顧問公司工作時，我也自認我知道自己在「做什麼」。聽取客戶的課題，編寫解決課題的專案，然後不斷執行計劃好的任務。這不就是管理顧問的工作嗎？——本來應該是如此，但不知為何，就是無法達到預期成果。

比方說，負責會議的議事紀錄。出席會議現場，努力筆記會議中的發言，會議後再重聽錄音。這樣整理出的議事紀錄，應該有相當高的精確度。我一邊這麼想，一邊得意洋洋地將議事紀錄拿給同組的顧問前輩看。

但事與願違，我得到的回應竟是嚴厲的批判。

「我想知道這次會議的決定事項，哪裡有寫出來？」

「這份議事紀錄沒辦法一目了然地看出下個行動中該做什麼。」

「內容這麼零散，沒出席會議的人怎麼可能看得懂在寫什麼。」

又或者，市場調查的工作也是如此。蒐集新聞報導，閱讀市場報告，從專家學者訪談中獲得第一手消息。蒐集到的資訊量絕不含糊，也用上了表格，製作出了在視覺上十分講究的會議資料。心裡想著，這次總該受到肯定了吧。

「這是這個市場的規模和成長率吧？然後呢？」

「我看到市占率了，但你想表達什麼？」

「我了解競爭對手的情況了，所以咧？」

大家的反應還是十分冷淡。「內容明明很豐富，除了公開資訊，還加入了其他內容，以一份調查報告而言，應該整理歸納得很不錯了。但為什麼得到的結果會是這樣？」當自己還搞不清自己的成品為何得不到肯定時，自己做的投影片就這樣被從給客戶的報告中剔除了，這種例子多不勝數。悲哀的是，無論耗費了多少努力與時間在那些資料上，最後總是無法對成果產生貢獻。

問題在於「為了什麼」而做

到底是哪裡沒做對？

如今再回頭去看當時的自己，答案十分簡單。

「我是『為了什麼』在做那份工作的？」

我當時就是沒有搞清楚這件事。

比方說，我是「為了什麼」才要寫議事紀錄的？是為了讓有出席或沒有出席會議的人，能夠確認會議的討論內容、決定事項、行動，以得到共識。只要理解這一點，就能對此做出處理，例如：把會議的決定事項和行動事項挪到議事紀錄的最上方，按照大方向到細部的方式，將討論內容分階級書寫。

市場調查也是如此。閱讀市場報告，採訪專家學者，將這些資訊加以分析歸納。作業流程上大致是如此。那麼這麼做是「為了什麼」？這麼做是為了提供訂定策略的提案，幫助做出決策。公司可以發揮所長的市場機會是什麼？應該加以排除的威脅是什麼？應該從哪個區域開始下手？如何達到與競爭對手的差異化？缺乏這些「為了什麼」，提案無論整理的資訊再多、視覺效果再吸睛，也沒有意義。

問題不是正在「做什麼」，而是「為了什麼而做」——不了解這一點，正是我的問題所在。

想在工作上出包，就把目的拋諸腦後

根據上述，關於「在工作上展現成果」，我們可以得到一個啟示：

不知「為了什麼而做」，即使拚命工作，也絕對不會展現出任何成果。

事實上，我們的工作意義，並不在於我們做的「事情」本身。其意義是在於我們做的事情所帶來的「價值」。無論是寫議事紀錄，或是敲著電腦鍵盤，輸出好幾頁的書面資料，這些事情本身都不具有本質上的意義。真正重要的是「其他人因為閱讀這份資料，而達到了共識」，這就是其價值所在。

市場分析也是如此。按地區分類將市場數據做成圖表，進行市場區隔的分類，做這些事情本身並沒有意義。當這些資訊對決策產生影響，進而做出「我們公司應該布局的地區（或市場區隔）是〇〇」的決定時，這些資訊才會產生價值。

如果只是議事紀錄、市場分析之類的事，那還好。若是關係到企業命運的大案件，例如開發新事業、大型企業併購、導入大規模IT系統、對公司進行組織編制的重建等等，則常常會連「為了什麼而做？」這麼單純的問題都回答不出來。

一件事的規模越大，反而越會忙於應付排山倒海而來的「做什麼」，而沒有餘力將目光放在「為了什麼」上。於是營造出一種氛圍——「這麼大的問題，事到如今已經沒辦法再回頭去想了，所以絕對不能問『為了什麼』這種問題。」事情會演變至此，也不難理解。

然而，像這樣將目的拋諸腦後，真的好嗎？

容我用諷刺的口吻說一句：**「想在工作上出包，那就把目的拋諸腦後。」**所謂目的，就是一件事情所要成就的價值所在。對於一件將目的拋諸腦後的事情，無論投入再多的勞力，都不一定會得到相應的成果。說得嚴苛一點，這種做事方式不過是「讓自己覺得自己有在工作而已」，這種付出是不會產生任何價值的。

將「目的—目標—手段」連結起來創造成果的故事

但我們不能只懂得諷刺，不懂得改變。為了得到前進的動力，讓我們來把那句諷刺的話做一個一百八十度的大翻轉吧。如此我們便能看出想要在工作上創造出成果的原則如下：

「只要時時刻刻將目的放在心上，就能在工作上取得成功。」

做事要從「為了什麼」開始，而非「做什麼」開始。只要最初的「目的」明確，就能朝著那個方向優化工作方式，讓自己所做的事，直接連結到成果的創造。**以目的為頂點驅動工作，就是創造成果的原則，這就是用「目的驅動」進行思考時的精髓所在。**

這本書要向大家解釋的，就是這種創造成果的連結究竟是什麼，以及該如何進行。先在這裡稍微破個哏，**創造成果的連結就是由「目的—目標—手段」的三層金字塔結構所建構而成。**

換言之，就是：

- **目的（Why）：為了什麼？**
- **目標（What）：朝什麼方向？**
- **手段（How）：如何達成？**

當這三個階層連結起來時，會發生什麼事？連結起來後，我們就能說出以下的故事：

「這個工作的『目的』是如何如何。要達成這個目的，必須在限期之內達成數個『目標』。對於達成這些目標的具體『手段』，則是如何如何。實踐這些手段，以達成目標，最終則是朝著完成目的前進——」

這正是達成目的的路徑、創造成果的故事。如果說，經營策略是「描繪出實現理想樣貌必須經歷的途徑」，那麼**編織出這種創造成果的故事，就可以說是策略思考本身**。

構思故事是領導者須負起的「非連續的職責」

故事需要有寫手才能完成。那麼，這種創造成果的故事是由誰來完成的？

一邊看向未來的目的，一邊定出途中過境之處的目標，連貫性地思考具體事務的進行方式，並將這些做法一點一滴地落實在故事中。這一連串的研究功夫，對資歷尚淺的公司菜鳥而言，是相當沉重的負擔。既然如此，那麼這種創造成果的故事，就必須由帶領這些菜鳥的領導者來完成。

另一方面，要想連貫性地描繪出這種故事，對熟悉實務工作的領導者來說，也不是一件容易的事。進一步來說，我們在描繪創造成果的故事時，需要使用到的「肌肉」，不同於執行實務工作時所使用的肌肉。尤其對於剛剛從一般員工晉升為領導者的人來說，這是一種過去不曾經歷過的**「非連續的職責」**。

以前只要照著別人的指示完成工作即可，但從晉升的那天起，你的招牌就從「一般員工」變成了「領導者」。此時，你所需要扮演的角色、別人期待在你身上看到的言行舉止，都會變得完全不一樣。

雖說如此，我們能夠一晉升，就立刻將自己切換成另一種樣子嗎？當上領導者後，必須自己決定工作的價值是什麼，自己規劃出實踐價值的途徑。領導者與眼前的自己之間有著一條鴻溝，這不是換上一個新招牌，就能輕易跨越的。

克服「非連續的職責」所需的策略思維的「套路」

該如何克服這項「非連續的職責」？又該如何發揮自身的價值？——這本書就是為了正在思考這些問題的讀者而寫。

我把我擔任管理顧問在經營管理前線的思考、實踐，以及不斷精進而成的方法論，系統化地濃縮進這本書中。不對，這是我一路以來，在各個專案前線萃取出的精華，所以我不想稱之為（用頭腦理解出的）「方法論」，我想將它稱作**「套路」**，一種在身體力行中習得後，就會推動著自身的思維與行動的模型。**建立這個「套路」，是為了讓每個人都能學會策略思維，而能用最小的努力，獲得最大的成果。**

只要學會了我接下來說明的「套路」，你將能用和策略管理顧問一樣的方式，描繪出創造成果的故事。我希望這本書能讓讀者們都得到領導者所需擁有的克服「非連續職責」的能力。

本書的架構與閱讀流程

本書的架構可簡單說明如下：

- **第一～三章……目的和目標是什麼（有何不同）？為何重要？如何設定「目的—目標—手段」三層金字塔結構，以及其中的目的和目標？**
- **第四章……何謂手段？為何手段是策略的核心？手段的「五項基本行為」為何？**
- **第五～九章……如何實踐「認知」、「判斷」、「行動」、「預測」、「學習」這五項基本行為？**
- **終章……全書的統整、思考「提問」的地圖。**

本書通篇是在闡明如何描繪出以目的為頂點，連結起「目的—目標—手段」來創造成果的故事。一開始，從最基本的部分——何謂目的——談起，最終則會全面網羅過程所須的各種技法，教大家如何描繪出創造成果的故事，亦即如何建構起達成目的和目標的策略。雖然內容廣泛而包羅萬象，但只要細心閱讀，就一定能學會所有描繪出創造成果故事所需的技術體系與技法。

再者，每一章都設有與該章主題相關的「案例研究」，以及其「解方」（思考方式與解答範例）。透過具體的商業課題，相信一定能讓讀者學習到如何實際運用該章所學的技法，並切身感受到實踐的感覺。

我服務的單位 Deloitte，是以 Executable Strategy（可實踐的策略）為其價值提供的根本。畫大餅的理論是沒有意義的。一個策略一定要能實踐，才能產生價值。這也是本書的重點之一。

開場白就到此為止。讓我們來一步步地揭開關於「為了什麼」的故事吧。任何事情都要從目的開始，這是貫穿本書的主旨。接下來的第1章中，我會從「何謂目的」開始談起。

畢竟「航海而不知其目的地，便無法乘風而行」（語出自利昂．泰克〔Leon Tec〕博士）。

前言——關於「為了什麼」的故事 3

第 1 章 首先從「目的」開始

第 2 章

如何設定「目的」

第 3 章

將目的落實成「目標」的方法及執行

第4章

創造成果的「手段」與放諸所有工作皆準的「五項基本行為」

第 5 章

「認知」以最小努力獲得最大成果的「問題辨認法」

第6章 「判斷」用最快速度達到最佳結論的「判斷方法」

第7章

「行動」不白做工而能獲得最好成果的「行動導出方式」

第8章

「預測」事先預測到未來問題並防範未然的「風險預測法」

第9章

「學習」從已知了解未知的「槓桿學習法」

終章

邁向新開始的思考「提問」地圖

第 1 章

首先從「目的」開始

若把工作比喻為一段旅程，那麼目的就是旅途的目的地。
若不知道旅程的去向，我們會如何？這樣我們既做不好事前準備，也無法計劃旅程。工作和旅程一樣，缺少目的，就無法做出成果。
打從根本控制工作成果的「目的」，究竟是什麼？接下來就讓我們來揭開它的面紗。

案例研究

為何成立新事業時，無法決定要投入哪個事業？

你在某間大企業的新事業開發部門任職。你的工作正如其名，就是開發出不同於既有事業的新事業。這次你受到提拔，成為該部門事業開發小組的組長。上級期待你能領導團隊，創建起一個適合你們公司的新事業。

在討論的過程中，小組成員為各種機會事業提出許多構思。「農業分析服務」、「遠程無人機物流」、「無線供電設計安裝」、「學習的群眾外包」等等，每一項都十分具有特色。小組成員們各自為他們所構想出的事業機會，進行了確實的市場及競爭環境調查，並提出前景看好的事業。

然而，要決定該押注在哪一個事業上時，卻無法選出要把精力投注在哪個事業機會上，小組雖然提出了許多事業機會的構想，但卻難以決定最終該選擇哪一個。

為何對這種事業選擇的判斷，你會拿不定主意？

讓決策窒礙難行的最主要原因究竟是什麼？

顧後無法瞻前——「後照鏡思維」的極限

何謂目的——這是本章的主題。

但在這之前，先讓我們後退一步，提出一個更根本的問題：

我們現在為何要思考目的？

任何事都要從目的開始。即使思考的是「目的」本身，也離不開我接下來所要闡述的宗旨。每個人的時間和精力都是有限的，如果我們打算撥出時間與精力來看清「目的」是什麼，那麼做這件事肯定是有意義的。那它的意義究竟是什麼？

「目的很重要」這句話你可能聽得耳朵都快長繭。你可能早就以各種形式反覆被人問著：「目的是什麼？」比方說，告訴你「要懷有目的意識」，問你「做這件事是為了什麼」、「這個工作的終點是哪裡」等等，如今又看到筆者這麼問，或許你會感到不耐煩跟沒有必要。

即使如此，我仍要重申目的的重要性，是因為在當今這個時代，目的的重要性又比以往大大提升。為了讓大家對此有更深的理解，請容我剖析一下當今這個時代。

我們如今生活在一個什麼樣的時代？

有四個字母方便我們快速理解。這四個字母是「VUCA」，它們分別代表的意思如下：

- Volatile……….**「易變性的」時代**
- Uncertain……**「不確定的」時代**
- Complex………**「複雜的」時代**
- Ambiguous…**「模糊的」時代**

如今我們生存在一個VUCA的時代裡。數位化讓既有的商業被破壞，社群

〔圖 1-1〕「後照鏡思維」的極限

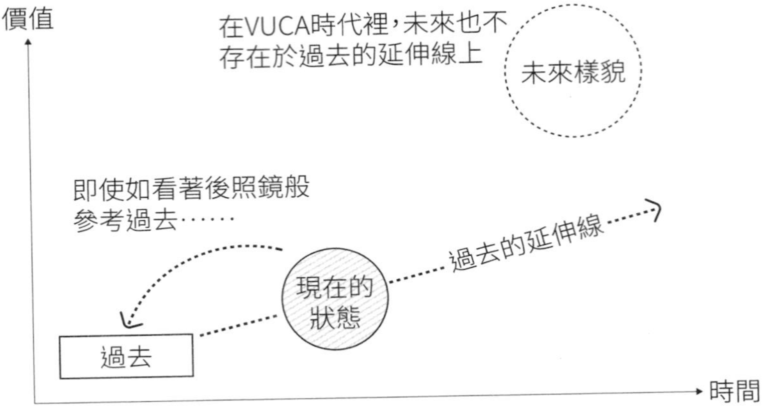

網站創造出新的社交圈，大國間的貿易摩擦越演越烈，人類受到未知傳染病的威脅等等，十年前究竟有多少人可以預測到這些事的發生？我們正活在如此快速變遷的時代中。

那麼，VUCA時代會對生活在其中的我們造成什麼影響？簡單來說，就是鑑往知來的思考方式，也就是所謂的「後照鏡思維」，已不再有效。在VUCA時代裡，未來的道路不在過往道路的延伸線上，即使盯著後照鏡裡的後方道路看，也無法知道前方的路況（圖1-1）。

不妨回憶一下戰後高度經濟成長期。那時，「只要更有效率地大量生產和去年相同的產品即可」、「只要在過去的產品上不斷進行改良即可」這樣的思維在當時就很吃得開了。豈止如此，這在當時甚至是效果最佳的思考方式。

然而，時代改變，事業環境的變化，讓向來的做事方式轉眼間變得陳腐落伍，過去那種拼命三郎的努力方式，甚至會對事業造成打擊。我們就是活在如此嚴苛的時代中。

在不確定性的時代裡，實現理想未來的「倒序推演思維」

那麼，在這個看不到前方的時代裡，我們該如何思考？為美國的新時代揭開序幕的總統亞伯拉罕・林肯(Abraham Lincoln)，曾留下一句名言：

The best way to predict the future is to create it.

（預測未來的最好方法，就是去創造未來。）

〔圖 1-2〕不確定性的時代所需要的「倒序推演思維」

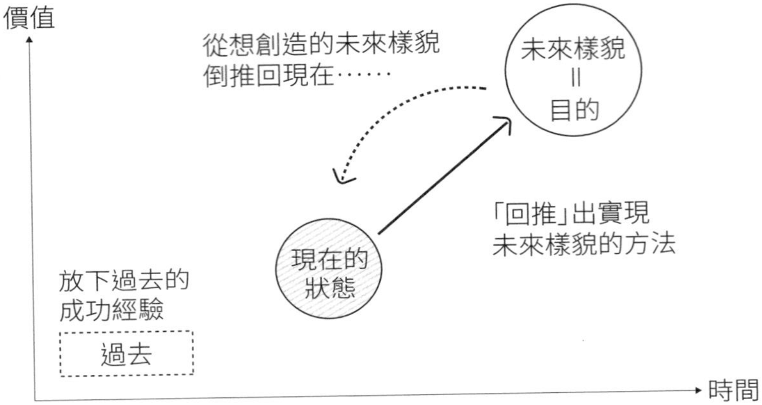

這一句話就能說明要在不透明的時代裡生存下去所該有的思考方式。

不是透過過去的延伸來思考未來，而是在一開始就描繪出理想的未來。從想創造的未來樣貌倒推回現在，再找出實踐那個未來所需的手段。換句話說，就是**從以過去為起點的「後照鏡思維」，轉換成以未來為起點的「倒序推演思維」**。這種思考模式的轉換，就是這個時代向我們提出的要求（圖1-2）。

好，現在讓我們回到最初那個提問。

我們現在為何要思考目的？

這是因為這個時代必須以未來為起點思考事物，而目的就是「未來樣貌的本身」。先決定好目的地，才能發揮倒推的創意，思索出「如何前進才能抵達那裡」、「需要什麼才能實現」等問題。

反之，如果不知道要達成的目的是什麼，又會如何？

不知道目的的話，就會被迫在看不見前方的狀態下前進。在這種狀況中，我們就不得不仰賴過去的「後照鏡思維」，回顧「在這之前自己是如何前進的」。然而，這種思考方式在VUCA時代裡，已不再管用。

要在VUCA時代中生存，就不能不善用「倒序推演思維」，一開始就先訂好目的，從目的倒推達成所需的手段，藉此實現理想的未來。**今後的時代，如果只是守株待兔，理想的未來絕不會自己降臨。但有了實現的意志，就能創造未來。**

而目的就是創造未來的起點。

目的是「為了實現新價值而邁向的未來目的地」

前面解釋了目的在這個瞬息萬變的時代裡為何重要。接下來我想更進一步探討目的的本質為何。

何謂目的？

目的之所以難以理解，其中一個理由應該是，其內容太過抽象，難以掌握。為了從正面直覺性地加以理解，我們不妨這樣理解目的：

「為了什麼？」這個問題的答案，就是目的。

「為了什麼」而進行制度改革？「為了什麼」而導入新系統？「為了什麼」而進行全公司的組織編制重建？為了什麼而進行企業併購？

對「為了什麼」做出的解答，就是目的。當我們在實務工作中思考目的時，提出這個問題正是找出目的的基本功。

不過，難得能用一整章的篇幅來探討目的，所以就不要停留在直覺性的理解，讓我們更深入地去探究目的究竟是什麼。因為目的既是思考的起點，也是思考的準則，所以對目的的理解一定要夠透徹。因此，我們不妨回到這個詞彙的本源，從中汲取出「目的」所代表的精髓含意。

英文中有以下三個詞彙可以表達「目的」：

· Purpose
· Objective
· Goal

這些都是含有「目的」之意的單字。而這三個字分別能反映出目的所具有的不同性質。讓我們一同思考這三個單字表達出了目的的哪些性質，進而抽絲剝繭找出目的的本質。

首先是Purpose。從Purpose的辭源來看，它所指的是「放置於前方的事物」（pur「在前方」＋pose「放置」）。這裡所說的「前方」，既可解釋為比現在更前進的時間點，也就是將來，也可以解釋為一種已經實現了比現狀更高價值的狀態。換言之，它反映出了目的的第一個性質——**「實現了更高價值的未來狀態」**。「目的就是未來樣貌」這個觀點正是出自於此。

再來是Objective。Objective是從Object（對象）衍生出的單字。對象也可以說成是標的，意味著「被瞄準的事物」。要瞄準某個事物，一定有人的企圖在作用，所以Objective說明了目的的第二個性質——**「帶著企圖的瞄準」**。反過來說，若只有客觀事實(Fact)，而缺少人的企圖，那就無法形成目的。

最後是Goal。回溯Goal的辭源（在古英文中為gol），它有「限度、極限」之意。這顯示出了目的的第三個性質——**「目的地」**，可將其想像成馬拉松的終點。接棒區、中途停靠站並非目的。

同時具有這三項特質才能成為「目的」(圖1-3)。換言之，目的是**「為了實現新價值而訂定的未來目的地」**。這就是目的的精髓含意。

〔圖 1-3〕目的是「為了實現新價值而訂定的未來目的地」

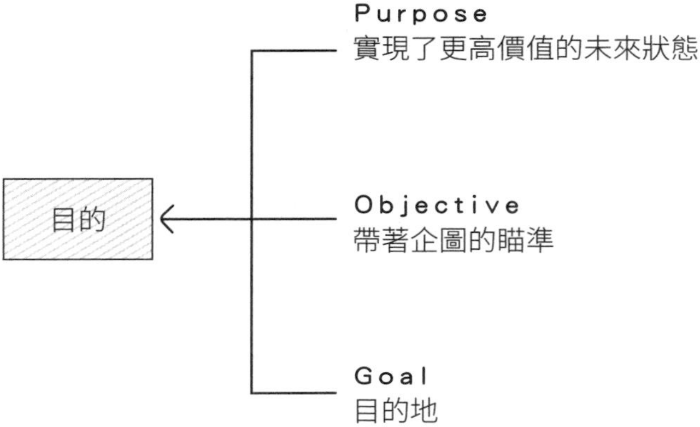

在此必須要強調的是，目的並不會出現在「過去的延伸」上。當我們要描繪未來的目的地時，我們必須憑著自己的意志去決定要達成什麼樣貌，要到達多高的高度。

無論過去或現在怎麼樣，「今後」想要讓什麼到達哪裡，這些都是我們可以自由決定的。未來是要成就偉大，還是要變得小巧玲瓏，一切都操之在己。

雖然「工作完成」卻沒有滿足目的，就不會被看作成果

若將目的定義為「為了實現新的價

值而訂定的未來目的地」，那麼我們就能更深刻地理解「在工作上展現成果」是什麼意思，也就是說，我們會更知道什麼能被認定為工作的成果。

簡單來說，**「創造成果」等於「達成目的」**。只有實現工作所欲達成的價值，才能被認定為在那項工作上「做出了成果」。反過來說，無法實現所欲達成之價值的工作，不會被視為成果。

這聽起來或許理所當然，但這裡要注意的是，「創造成果」不等於「完成勤務」。即使將每一項勤務中該做的事做完，如果沒有對達成目的產生貢獻，那麼就不會被視為成果。

舉例來說，請想像一下：某個人被交代了市場調查的工作，而其目的是成立新事業。他的做法是，對自己公司的現狀挑出各種毛病，調查出既有事業的市場環境，以ＰＰＴ整理出一份高達五十頁以上的精心製作的報告書。關於公司現狀的內外環境，都被他鉅細靡遺地整理出來了。

在整理出報告書時，他的確完成了他的勤務。然而，他所做的事是否創造出了成果？說起這項工作是「為了什麼而存在」，那就是為了幫助決策者在新事業的成立上做出決定。但這項工作（報告書）所調查的，全都是既有事業的現狀，完全沒有回答到「應該進軍哪個業界？」「公司應該在那個業界如何出擊？」等等問題。說得更殘酷一點，**雖然「工作完成」卻沒有滿足目的，就不會被看作成果**。

當日常勤務多到眼花撩亂，我們為了一項一項的事務忙得暈頭轉向時，就經常會發生工作脫離目的的狀況。但工作的目的，並非將「為了什麼」拋諸腦後，把工作做完就好。若被淹沒在嘈雜的日常勤務中，而忘卻了目的的話，就有可能把時間浪費在沒有成果的事務上。

因此，「創造成果」是等同於「達成目的」的，並不等於「工作完成」。請時時刻刻謹記，工作要看的不是「做完或沒做完」，而是要看對目的「有所貢獻或沒有貢獻」。

欠缺「目的」會帶來嚴重的問題解決不全

前面我們談到的是，目的不明確的話，就無法創造成果。倘若目的不明，既無法判斷我們的工作對目的產生了多少貢獻，也沒辦法做出必要的修正。實際上，欠缺目的會對工作的各個方面產生致命影響。

那具體來說，欠缺目的會如何影響工作？

對於目的，我們不能只抱著「大概掌握到就好」的鬆懈心態。**目的是工作上的絕對要素，「若未確實掌握，工作就會變得不倫不類」**。因為欠缺目的會產生下列負面影響：

①不知該處理的問題是什麼。

②無法判斷何者優先，何者次後。

③會做出不得要領的行動。

④無論對主管或下屬，都無法說服並給予他們內在動機。

讓我們來想像一下具體的情境。如果在前線指揮工作的領導者，出現下列的狀態，會發生什麼事？

- **下屬詢問該處理什麼問題時，只會回答「不知道」。**
- **下屬詢問工作該朝哪個方向前進，也只會說「無法判斷」。**
- **團隊的人嘔心瀝血地完成了許多工作，領導者卻對他們說「你們做的事都是多餘的」。**
- **連下屬詢問工作的目的，都回答「我自己也還不確定是為了什麼」。**

這樣的話，工作根本進行不下去。原因就只有一個，那就是「欠缺目的」。接下來，再讓我們針對欠缺目的的嚴重性，一項一項地向下深掘。

首先，**欠缺目的的話，連該把什麼當成問題解決都搞不清楚**。比方說，你被調到一個新的業務團隊當領導者。此時，如果你只是不負責任地說了一句：「那剩下的就交給你們了。」這時，團員們一定會丈二金剛摸不著頭腦地想說：「交給我們是交給我們什麼東西？」因為不知道團隊的目的，就不知道該朝著什麼方向邁進。

反之，如果團隊被賦予了「目的」，又會如何？

假設團隊的目的是「改善業務生產力（業務人員每個人的銷售額）」，那麼團隊就會去看業務人員的實際業績，若與目標銷售額之間有落差的話，我們就會想去深究其原因。這麼一來，團隊也會發現其中問題，例如「販賣新商品的技巧不成熟」、「業務的相關工具不夠完善」、「拜訪件數的絕對數字偏低」等等。因為目的會讓目的與現狀之間的落差變得清晰可辨，進而能釐清該解決什麼問題。

第二，**目的模稜兩可的話，就無法判斷解決方案的優先順序**。延續剛剛的例子，新團隊的其中一項方案或許是「增加人力，聘僱更多業務人員」，也可以是「進行銷售新商品的培訓」。這時候該以何者為優先呢？

這兩個方案都有機會「提升業務銷售額」。如果你的團隊被賦予的目的模糊籠統的話，對於何者該優先，你可能就會舉棋不定。反之，如果明確地指出目的是「改善業務生產力」的話，你就能立馬做出決定，選擇「進行銷售新商品的培訓」。因為人員的增加不一定能對生產力的提升產生貢獻。

第三，**目的不明確的話，行動就會變得不得要領**。假設你選擇的解決方案是「增加人力，聘僱更多業務人員」，接下來採取的行動則是「更新人員招募的網路頁面」。然而，這對於「改善業務生產力」沒有任何貢獻。花費了許多的時間、精力、金錢，建構了一個時髦的招聘頁面，最後卻被主管破口大罵：「你在搞什麼玩意？你連目的是什麼都沒有搞清楚！」這種事光是用想像的，都教人背脊發涼。

前面說明了欠缺目的的三個負面影響——「不知道問題為何」、「無法判斷何者優先」、「行動不得要領」。接下來要談的是，**對目的馬馬虎虎的話，就會形成「問題解決不全」**。工作成果是在我們將問題解決之後才會出現，所以欠缺目的就意味著無法創造成果。「想在工作上出包，那就把目的拋諸腦後」這句話背後的道理就在於此。

不闡述「目的」，組織和團隊就動不起來

欠缺目的的第四個影響——**無論主管或下屬都會停滯不動**——也是十分嚴重的問題。

舉例來說，你向主管請示：「我想對業務員進行培訓，可否撥給我聘請外部講師的預算？」此時，主管一定會問：「進行那些培訓是為了什麼？」如果你支支吾吾地回答：「因為……我想說培訓可以提升技巧……」這樣恐怕是說服不了主管的。

反之，如果有明確的目的意識，那你就能這樣回答：

「我們公司的強項一直都是在物品的銷售上，而非服務的銷售。但在業務生產力的提高上，服務的銷售額成為我們需要突破的瓶頸，為了推銷新的服務，我們需要借助公司外部的實務技巧。因此，可否撥一筆預算，讓我聘請外部講師？」

只要在談論必要性時，有把目的放在心上，就能讓說服力大大提升。

面對下屬時的溝通方式，本質上也是相同的。

如果你是命令下屬說「去參加業務的培訓」，恐怕會招來許多反彈的聲音，像是「平日的工作已經那麼忙了，幹麼還要辦什麼培訓」、「這個時候才接受培訓，只是在浪費時間而已」。於是，下屬不情不願地參加培訓，培訓的效果也跟著大打折扣。

但你若是說：「我想讓這個業務團隊的生產力大幅提升。提升銷售額的瓶頸，在於我們對於新服務的銷售，而這正是提高生產力的關鍵。所以，我想透過培訓，讓大家學會如何銷售服務。」請比較看看這兩種說法的差異。對下屬而言，後者一定更具說服力。

由此可知，**目的的存在與否，甚至會影響到你和主管、下屬之間的溝通**。最終，也會影響到組織是否能動起來，因為組織就是由各級主管和各級下屬所構成。目的是動員組織和團隊的原動力。

目的這面旗幟能賜給領導者「力量」

「目的是動員組織和團隊的原動力」。這個想法與傳統上對於領導者的想像不同，傳統上認為，領導者是靠上下關係和經驗多寡推動一個組織的。但今後在這多元的時代裡，想要推動組織或團隊，光是仗著上下關係或經驗，只會將人心越推越遠。

關於此事，就讓我們從「領導者所具有的『**力量**』（**權力**）」的視角，來進一步理解。當領導者在推動組織和團隊時，正在運作的是領導者所具有的力量。這種力量的來源究竟來自哪裡？

當然，一般人往往是將「對對方的褒獎和懲罰」、「決定對方去留的職權」，也就是上下關係，當作力量的來源，這是組織中的常態。還有些人或許也會把只有自己知道的專業知識或經驗，當作力量的來源。這種型態是透過「自己」處於強而有力的狀態來推動組織。

然而，有人用這樣的上下關係或知識與經驗的多寡來逼對方就範時，被逼著就範的人又會怎麼想？他們或許會認為不得不低頭，而接受對方逼迫。但那是一種「被命令了而非做不可」的消極態度，徹底欠缺認同感。在這種失去動力的狀態下，根本不用期待對方會積極協助。

在今後的時代裡，領導者的力量來源，會逐漸從「自己」身上轉離。轉去哪裡呢？轉到領導者所提出的「目的」上。領導者提出的目的，如果能引發共鳴，喚起群眾的意願和使命感，讓大家覺得「我想做」、「我必須去做」的話，人們自然就會聚集到那個目的的旗幟下。當一個目的的正當性和必然性越能「戳中」對方的心，就能得到越多不辭勞苦的積極協助。這意味著**領導者提出的目的越是強而有力，領導者的力量（權力）就越大**。

因此，**我們提出的目的，必須是訴諸組織和團隊的意願和使命感的共同利益。我們必須提出能動員組織的強勁的「Why」**。這是幫助我們在今後的時代裡生存下去的力量來源。反過來說，當我們沒有這樣的旗幟時，就會徹底失去力量。

「目的」是提高成果創造力的終極槓桿作用

前面舉出了欠缺目的所帶來的四個負面影響，但領導者只要有明確的目的意識，就能讓狀況得到下列的好轉：

①能鎖定該解決的問題（＝不必從事無價值的工作）。
②能迅速判斷出優先順序（＝不會在判斷上舉棋不定）。
③能採取直接通往目的的行動（＝不必做多餘的活動）。
④能為了創造成果動員組織或團隊（＝能脫離凡事一人全包的狀態）。

你可能會畏畏縮縮地想說，不知今後要強化自己到什麼地步，才有可能變成上述般的領導者。但實際上，只要確實掌握住「目的」這一個要點，實現這樣的理想狀態並非難如登天。

以①鎖定問題為例。目的明確的話，就能根據這個基準，釐清該解決的問題是什麼。因為越是清楚知道自己「想要變成怎麼樣」，也就越能看出「現在缺少哪個部分」。而「現在缺少這個部分」的這種落差（＝該解決的問題），是要透過目的和現狀做比較才能發現的。

目的也會在②判斷優先順序上產生效果。目的明確的話，就能以其為判斷標準，判斷事物的優先順序。企業持續營運計劃(BCP, Business Continuity Planning)正是因為制定出以保全人命為首要目的，才能在災害發生時，毫不猶豫地判斷出建築、設備及其他資產的保全，皆為次要工作。

再者，目的也對③執行行動產生影響。最終的到達地點夠明確的話，就能專注地朝著那個方向做該做的事。反過來說，這麼一來就不必去做那些不會直接通往目的的多餘行為，而省下大量的心力。簡言之，目的能大幅提高行動的生產力。

最後是④目的使組織或團隊動員起來。前面也曾說過，目的對領導者來說是推動眾人的力量來源。只要提出一個能打動眾人、喚起使命感和意願的目的，並以此為旗幟，人們自然就會向你聚集，向你提供協助。於是，領導者可以脫離凡事都由自己一人全包的狀態，進而去實踐更偉大的工作。

這些成果改善的共通之處，就在於目的的有無。從這一點來看，**目的是以小搏大，提高組織成果創造力的終極槓桿作用**。因此，在制定目的時，我們必然要徹底講究。

案例解方

看到這，現在我們可以回頭去思考開頭的案例了。

雖然團隊提出許多新事業的提案，但卻難以抉擇實際該發展哪個事業。在思考這些事業機會時，每個成員都付出了大量勞力，但若沒有做出決策，真正著手建立新事業的話，現狀永遠不會改變，這麼一來，他們的努力也就沒有任何成果。

為何下不了決定呢？當然有可能是作為判斷依據的市場、競爭對手等的情報不夠充分。也有可能是因為多數事業提案都充滿魅力、難分軒輊，而下不了決定。

但做不出決策的本質性理由，是因為目的不明確，搞不清楚「為了什麼」而開發新事業。不知道「為了什麼」(Why)，就無法決定要「做什麼」(What)。這就像是當我們還沒確定目的地是哪裡時，就先決定要開車、要搭飛機，還是要坐船。這樣當然無從決定。

依企業狀況的不同，開發新事業可能會有各式各樣不同的目的。比方說，可以有下列目的：

- **重點性新事業的形成。**
- **對主力事業的支援。**
- **作為既有事業的風險迴避。**
- **看準新興市場的未來前景。**

開發事業的目的能夠如此明朗的話，就能訂出判斷標準，而知道該選擇何者作為新事業，又必須避開哪些事物。也就是說，只要知道「為了什麼」(Why)，就能決定要「做什麼」(What)（圖1-4）。

〔圖 1-4〕只要知道「為了什麼」(Why) 就能決定「做什麼」(What)

目的(Why)	新事業(What)的選擇基準	須避開的事業
重點性新事業的形成	• 足夠的市場規模、具有成長性 • 公司的競爭優勢可以轉用	• 以公司的規模而言，市場偏小 • 已形成固定的競爭環境
對主力事業的支援	• 提高既有事業的競爭力 • 能與既有事業產生加乘效果	• 與既有事業沒有連結 • 會與既有事業自相殘殺
作為既有事業的風險迴避	• 與既有事業的成長性沒有相關性，又或是呈負相關	• 在包括巨觀環境、客戶、技術等的變動要因上，與既有事業有許多共通之處
看準新興市場的未來前景	• 可預期呈非連續性的成長 • 和既有事業間存在一定的「距離」	• 一個缺乏新客群注入的市場 • 預期將來不會有飛躍性的發展

有目的作為判斷標準的話，就能按照明確的依據來選擇事業。目的越確切，根據的強度、說服性就越高。

但若在目的不明確的狀況下，只有羅列出「做什麼」(What)的話，就無法做出令自己或他人信服的決策。即使真的做出了決定，也會變成心存懷疑地盲目投入工作。於是陷入決策不全，或是製造出一個盲目工作的集團。這些都是組織不希望出現在領導者身上的狀況。

一切事情都要先從詢問「為了什麼」、詢問目的開始著手。這是本書一貫傳達的要旨。

Why（目的）－What（目標）－How（手段）的三層金字塔結構

前面我們談了目的為何，以及目的會對工作的成果帶來多大的影響。

但另一方面，光有目的也無法創造出工作成果。沒有達成目的的執行方法，目的只不過是畫中的一塊餅。

我們必須理解，是什麼樣的執行機制在支撐目的與目的的達成。一般而言，只要理解機制，就能控制這項事物。理解達成目的的機制，就能快速而有效地實踐。

那麼，支撐目的與達成目的的執行機制，究竟是什麼？

那就是**Why（目的）－What（目標）－How（手段）**的三層金字塔結構。

用更具體的方式表現，就會如圖1-5的三層結構。

〔第一層〕Why　將該達成的「目的」設為頂點。

〔圖 1-5〕Why（目的）－What（目標）－How（手段）的三層金字塔結構

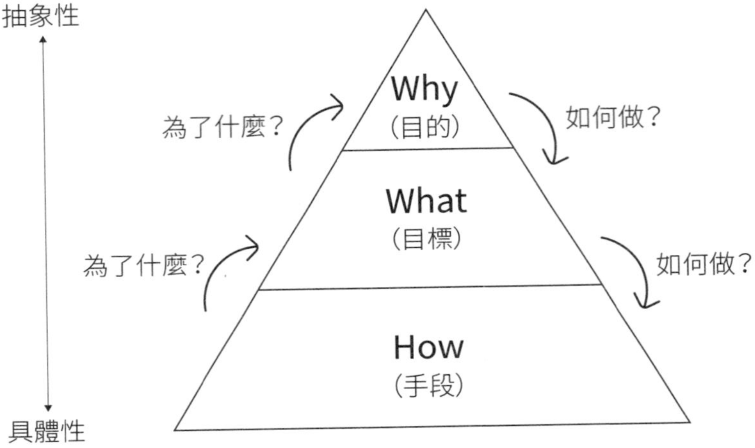

〔第二層〕What　為了成就目的，會有接二連三的目標需要達成。

〔第三層〕How　達成目標所需的「手段」，將成為支撐一切的基礎。

此時，目的被放在整個體系的最上端。該注意的是，如果由上至下以「如何做」，由下至上以「為了什麼」的角度檢視，則無論從哪個方向都能將「目的－目標－手段」連貫起來。**用「如何做」和「為了什麼」將三層彼此連結起來——這就是讓我們達成目的，並**

在工作上確實創造出成果的要訣。

將創造成果的機制切分成三層結構，每往下一層，目的就會更加具體，更能進行實務上的應對（＝控制）。再者，目標與手段是為了什麼而存在（＝目標和手段的有效性），則是能透過它的上面一層（手段是目標，目標則是目的）來確認。

換言之，**當我們建立起三層金字塔結構，就能將原本抽象的目的，呈現「在實務上『可以控制』且能進行『有效』對應的狀態」**。因此，它能在工作的成果創造上，大幅提升精密度。

如何建立起「目的－目標－手段」的三層金字塔結構

舉一個生活中的具體例子。

做完每年例行的健康檢查後，被醫生提醒說有必要改善生活習慣，而有了「為自己的身體健康做點努力」的想法，於是訂出了以下目的：

目的：改善生活習慣，在下次的檢查前讓身體恢復健康的狀態。

這是三層金字塔的頂點。

而第二層「目標」就要以這個「目的」為起點接續下去。

比方說，對於上述的目的，可制定出以下目標。形式上是將「改善生活習慣」的目的，分成「飲食」、「睡眠」、「運動」三方面，分別設定其具體行動方針，以及程度多寡。

目標①：飲食……三餐都要確實攝取蔬菜。
目標②：睡眠……睡眠時間至少要有七小時。
目標③：運動……每天要做輕度的運動。

接著安排第三層的「手段」時，也要與這些「目標」保持連貫性。也就是安排達成每一項目標的具體方法。

目標①：飲食……三餐都要確實攝取蔬菜。

手段①－1：訂購定期宅配的有機蔬菜沙拉。

手段①－2：在連續一週都達成時，安排「對自己的犒賞」。

目標②：睡眠……睡眠時間至少要有七小時。

手段②－1：重新檢視工作時間分配計劃，讓工作能在時間內結束。

手段②－2：取消睡前玩手機的時間。

目標③：運動……每天要做輕度的運動。

手段③－1：早上做三分鐘的廣播體操。

手段③－2：睡前做輕度的伸展運動。

像這樣按照「目的－目標－手段」的順序思考，就能建立起如圖1-6的三層金字塔結構。只要能建立起如此穩固的結構，對於自己想要達成的目的，是不是就不再感到那麼虛無縹緲了？

〔圖 1-6〕關鍵是建立 Why（目的）—What（目標）—How（手段）的連貫性結構

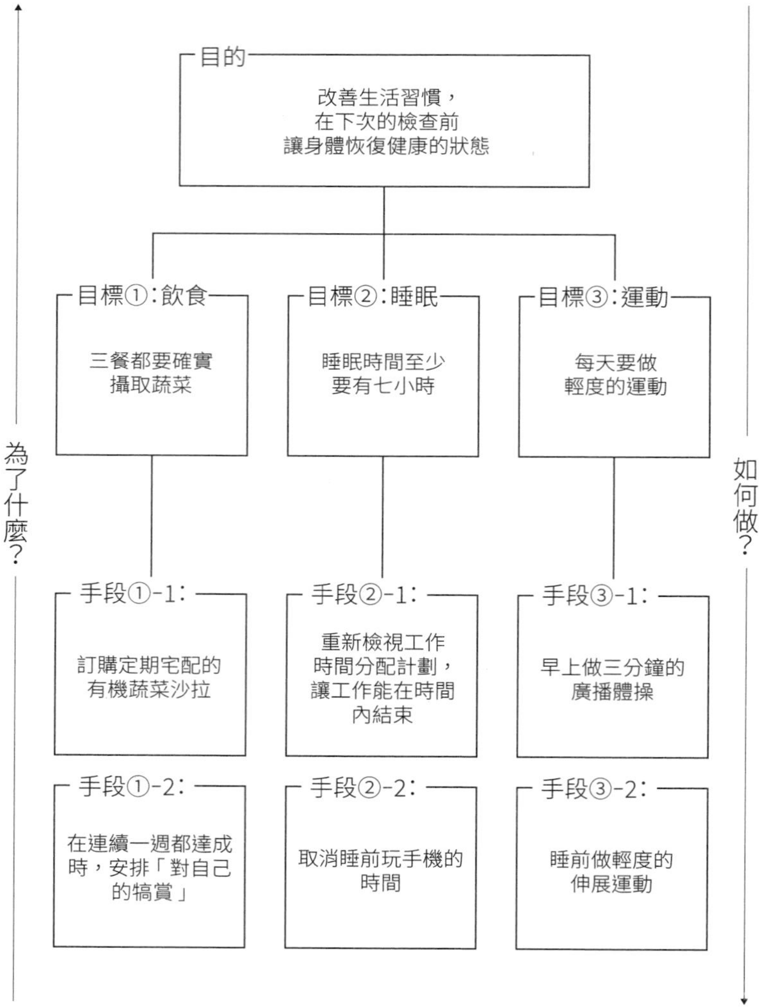

別陷入「手段的目的化」

建立三層金字塔結構時有一項重點，那就是：當我們以「由上至下」、「由下至上」的雙重角度檢視之際，要看「目的－目標－手段」是否連結順暢、毫無滯礙。換句話說就是，是否能同時回答「為了什麼」和「如何做」這兩個問題。

反之，從目標通往目的的連結若是中斷，或者從手段到目標的連結中斷的話，無論付出再多努力，都不保證能達成目的，也就是不能保證會創造成果。

這是組織和團隊的領導者必須充分理解的事實。團員們朝著你所制定的目的和目標，努力不懈地向前邁進。說不定他們得加班到半夜，得犧牲假日工作。倘若此時，他們以往所做的工作，都與達成目標沒有直接關係，或者設定的目標沒有對應到目的的話，會怎麼樣？對於一個率領團隊的領導者來說，發生這種事，簡直令人毛骨悚然。

所以，領導者在畫出連結「目的－目標－手段」的線時，必須保持緊張感。團隊會跟著這條線行動，團隊的活動會展現出什麼樣的成果，就是取決於這條線。理所當然地，這個成果會在團隊的評價上反映出來，甚至以薪資、升遷等形式影響到你與團員們的生活與人生。正因如此，「目的－目標－手段」是否保持連貫十分重要，這點強調再多次也不為過。

在我的經驗中，經常看到的都是「手段－手段－手段」，也就是只顧著實踐。搞不清楚做這些是為了什麼，總之先埋頭於眼前的工作再說。最初，做這件事應該是有其意義的，但時間久了，意義逐漸被遺忘，做這件事本身成了做這件事的目的。這叫**「手段的目的化」**，千萬不能陷入這種情況。這樣只是讓自己沉浸在「我有在工作」的幻覺中，而不能期望產出任何價值。

以三層金字塔結構，實踐倒序推演思維

還記得嗎？目的是倒序推演思維的核心元素，是回歸現狀的未來起點。事實上，**以「從目的倒推回去」這點來看，三層金字塔結構和倒序推演思維，可說是相同概念的不同表現方式**。

如前所述，倒序推演思維是一種倒推的思維，它是以「理想的未來樣貌」為起點，回到現狀來思考實現未來樣貌的方法。這正是將「目的」當作起點，從而找出達成目的所需的「目標」和「手段」的三層金字塔結構的思考方式。

所以，雖然「倒序推演思維」乍看之下十分困難，但只要建立起「三層金字塔結構」，即能加以實踐（圖1-7）。

說到這裡，我們就可以更清楚地看出，在這個看不見未來的VUCA時代裡，我們該採取什麼樣的思考方式了。在觀念上是採取「倒序推演思維」，在實踐上則是建立起從目的向下至目標、手段的「三層金字塔結構」。其中，**必須將目的當成思考起點，所有想法都應該以目的為出發點**。這是我在本章中最想強調的一點。

〔圖 1-7〕「三層金字塔結構」和「倒序推演思維」為相同概念

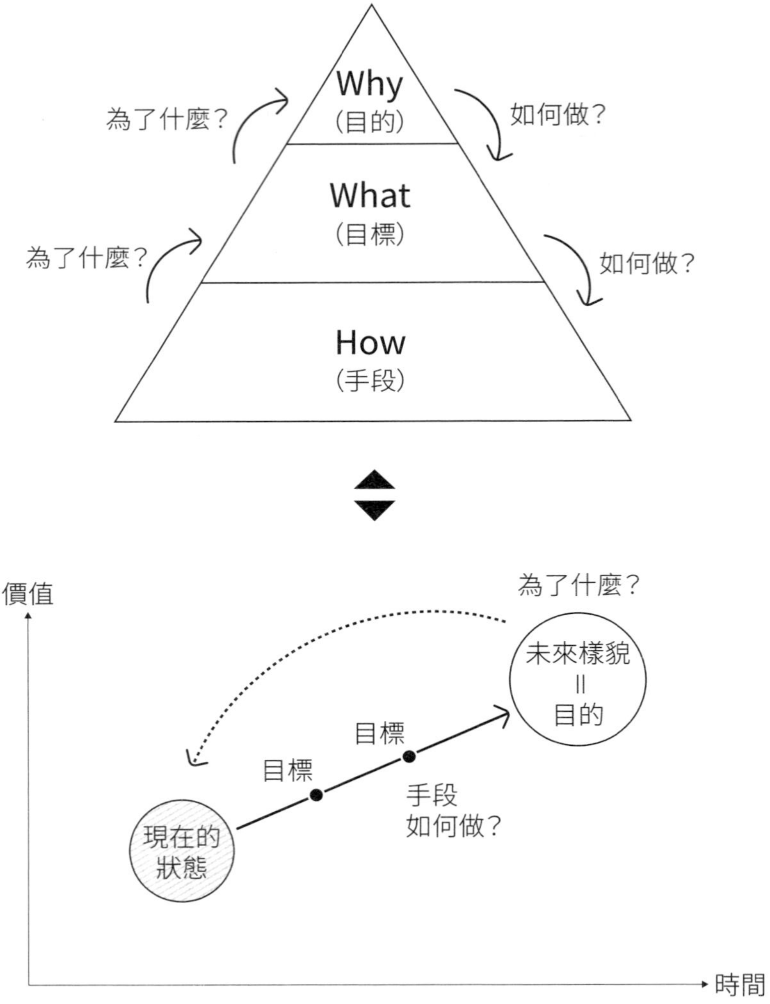

目的與手段的關係——
工作再怎麼微不足道，也有其目的

讀至此處，有些讀者可能會覺得，我所說的都是那些遙不可及的大事，似乎與自己無關。但這是一種誤解。此處想告訴各位讀者的是，再怎麼單純的工作，也有其目的。

請回顧一下你平日的工作。舉例來說，即使你只是發出一封電子郵件，你也一定是企圖達成某種「未來的變化」，例如：

・為了防範團隊出錯，而事先向成員們傳達工作上的注意事項。
・為了解決專案的課題，與主管討論對應方案。
・為了幫忙解決客戶的問題，而向同事傳達問題的原因與對應方案。

「防範團隊出錯」、「解決專案的課題」、「幫忙解決客戶的問題」——這些是那一封電子郵件的目的。目的再小，也都有它確實想建立起的未來樣貌。只要提升對於目的的敏感度，就連發電子郵件這麼微不足道的工作，也能察覺到其背後的目的。

不僅如此，即使當前想實現的未來樣貌再怎麼微小，它也會通往一個更大的目的、更大的未來樣貌。以「防範團隊出錯」為例，這個目的能對「防範進度落後」產生貢獻，進而達成「預算在三個月後的審核會議上獲得批准」。更進一步，「預算獲得批准」又能達到「確保所需的人力與物力」，進而通往「實現新事業」。當然，「實現新事業」又有可能是希望更進一步實現「解決全球水資源不足問題」的願景。

相對來說，把「向成員們傳達工作上的注意事項」當成目的時，也存在著幫助我們達成此目的的手段。比方說，「了解經常發生哪些失誤」，為此就必須「詢問做過類似工作的A同事」。進一步來說，就有必要「掌握A同事的行事曆」。

由此可知，何者為目的，何者為手段，是取決於前後關係、放置位置，因此

〔圖 1-8〕目的—手段是由前後關係、放置位置來決定

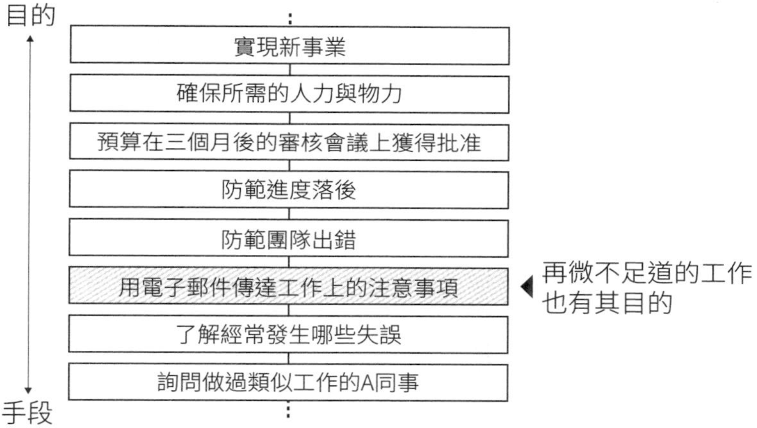

再微小的工作也會存在著相對應的目的（圖1-8）。**重點在於，我們必須一邊鎖定遠方的目的，一邊確實完成「自己必須達成的目的」**。

那麼，我們該怎麼做才能制定出「自己必須達成的目的」？

關於這個問題就留到下一章說明。

接下來是本章的重點整理。

掌握目的，就能以較少的努力，更確實地做出成果

本章探討了目的為何，以及目的為什麼重要。

目的是「為了實現新價值所設定的未來目的地」，是在VUCA時代裡生存所需的倒序推演思維的核心元素、思考起始點。目的模稜兩可的話，就不知道該朝什麼方向前進，如墜五里霧中，只能徒勞無功。即使自認已經拼了命地勞心勞力，只要沒有對焦在目的上，那些辛苦都將成為枉然。這是多麼悲傷的事。

但**若「目的」明確，那麼在工作的各個面向上，就都能做到「選擇與集中」**。這麼一來，我們就有能力聚焦在達成目的所該解決的問題上，判斷什麼才是最優先的解決方案，並將力量專注在適切的行動上。從而能用最小的勞力，獲得最大的成果。

因此，目的是提高知識生產力的終極槓桿作用。**只要把目的放在不同的地方，**

無論是設定目標、定義問題、判斷解決方案、採取行動上，都會產生改變。不管在什麼時代、什麼場所、什麼業種、什麼工作上，這都是共通的根本原則。目的的明確化，可說是能讓我們確實創造出成果的普遍原理、最快捷徑。

正因如此，讓我們「從目的開始吧」

因此，我們在工作上該思考的第一件事，既非「議題」，也非「假說」。

「從目的開始吧。」

這才是我們每個人都該擁有的共通標語。

沒有目的，就無法設定恰當的議題。沒有目的，就無法提出有效的假說。

在日本，大家往往不敢問出這樣的問題：「現在做的這些事是為了什麼？」「進行這件事的意義是什麼？」但從我的經驗上來看，共事者之間經常會發生彼此對目的認知不同的狀況，結果在判斷和行動上變得不同調。甚至曾有客戶在一個專案執行到一半才雇用我們加入，卻向我們詢問道：「雖然由我們來問這個問題很奇怪，但這段時間以來，我們公司是為了什麼而投入這項專案的？」

那麼，在組織中感到目的模稜兩可的時候，我們該怎麼辦？

這時候就要重新向自己提問：**「歸根究柢，這項工作是為了什麼而存在的？」**

「那項工作是為了什麼？」問出這樣的問題並不愚蠢，也不是在為不想做這項工作找藉口。提出這項問題是當我們要認清思考的起點與方向時，最具策略性的做法。正所謂「航海而不知其目的地，便無法乘風而行」。

另一方面，當我們想要自行回答「目的為何」時，又該如何找出答案？這關乎領導者所背負的最重要的工作——「制定目的」。

關於其技法，就留到下一章討論。

第 2 章

如何設定「目的」

目的會決定一個組織或團隊創造未來的潛力。再者，目的也是領導者的力量來源，能賦予領導者召喚周圍群眾的向心力。目的能否發揮這種影響力，端看領導者是否能設定出一個卓越的目的。領導者在為其組織或團隊設定出目的的同時，也是在為他自身的存在意義畫下一道生命線 。 在這樣的情況下 ， 一個領導者該如何設定目的？——本章就讓我們來探討這個問題。

案例研究

思考開發新商品的策略企圖心

你在一家生活用品製造商的開發部門工作，向來都是負責市場及顧客調查。商品開發部門是由多個開發團隊所組成，這次你將要率領其中一個團隊。當上團隊領導者之際，總經理對你說：

「過去我們公司一直是靠著獨家的技術順利成長至今。但近年來，既有產品類別發展得越來越成熟，成長逐漸陷入停滯。為了今後的成長，開發新商品是當務之急。希望這項新產品，能為我們創造出新的成長來源。」

說完對新商品開發的想法後，他又提到了對你的期待：

「過去你傾聽了許多客戶的聲音，你是這間公司中最理解客戶想法的人才之一。正因如此，這項新商品開發的工作，會完全交到你手上，讓你從頭開始做起。在商品主題、目標客群等方方面面，都沒有特別的限制，所以你可以按照你的想法來做。限期是一年，我們的目標是明年度將商品投入市場。」

你是在完全自由的狀態下進行商品開發。當你思考要從哪開始著手時，想到的是「我們是為了什麼而進行這項商品的開發？要如何藉由這項商品開發，讓公司茁壯？現在就從制定出這樣的目的開始做起。」

關於「為了什麼進行商品開發」的目的，如果從提升公司競爭力的視角來思考，這項目的也可說是商品開發的策略企圖心 (Strategic Intent)。

如果是你，你會制定出一個什麼樣的策略企圖心呢？

設定以日常生活中的目的為墊腳石，進而踏上商業舞臺

如何制定目的——這是本章的主題。

如果把這個問題訂得這麼大，你可能會想說：接下來是不是要描繪出什麼宏偉的「任務」或遠大的「目標」，而為此感到拘謹。但日常生活中，我們或多或少都在做著「制定目的」的行為。並非只有組織所選出的高層才能設定目的，其實每個人都會在生活中做這件事。讓我們先從此處開始談起。

比方說，你有一個認識即將滿三個月的心儀對象。你們經常約會、互傳訊息，經過了這段時間的累積，你終於決定要在兩週後即將到來的對方生日那天，跟對方提出交往的邀請。此時你心中的目的，很可能是「讓告白成功，和對方變成男／女朋友」。為了達成這項目的，你一定會苦思當天的約會行程、禮物、告白臺詞等「手段」。

又或者，比方說在考慮換工作的時候，你腦中可能會無意識地浮現出「為了得到適合目前生活型態的工作環境」的目的。若沒有「為了〇〇而換工作」的目的，就無從判斷新工作適不適合自己。所以，思索目的可說是我們大腦的自然運作方式。

由此可知，制定目的是每個人平日生活中自然而然的行為。設定目的這件事本身，並不需要我們從零開始學會了某項特殊技能才能執行。這是每個人日常在做的事，你身上早已具備設定目的的力量來源。

就讓我們以這個理所當然的事實為基礎，朝著商業活動上的設定目的之技法邁進吧。在向前邁進之前，我們必須先知道，日常生活與商業活動這兩個「舞臺背景」有何不同。

目的會讓一個多元的集團，擁有一個相同的方向

那麼，商業活動與日常生活中的設定目的，究竟有何不同？

關鍵詞就在於「組織」二字。商業活動與日常生活的不同點，就在於商業活動是以組織的型態執行的。當「舞臺背景」不同，制定目的的方法也會跟著改變。具體來說，站在名為「組織」的舞臺上時，設定目的的行為就會具有下列特徵：

- **目的是將一群零散的群眾當成一個組織，並賦予他們一個方向。**
- **目的會對應組織的階層，形成階層式的結構。**

怎麼說呢？組織其實是由形形色色不同出身的人匯聚而成。每個人當然都有自己的價值觀、意向性(Intentionality)、個人好惡，所以一個組織隨時都有面臨著失去凝聚力的危險。要讓容易四分五裂的人腳步劃一、齊頭並進，就必須設下一個對整體組織而言的「共通目的地」。這個目的地會慢慢整合起失去凝聚力的人們，給

〔圖 2-1〕用目的來團結組織

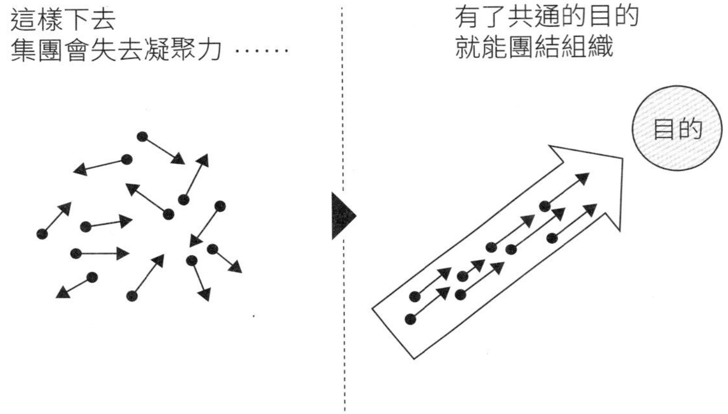
這樣下去
集團會失去凝聚力……
有了共通的目的
就能團結組織
目的

予他們一個共同的方向（圖 2-1）。

在一個組織中，成為群眾的「共同目的地」、為集團指明方向的責任，就是由「目的」擔負的。換言之，在商業的舞臺上，設定目的的行為是有明確企圖的，那就是「讓原本是一盤散沙的群眾，將自身的向量都指向同一處」。

當我們思考 Diversity and Inclusion，也就是「多元共融」的時候，正是由目的擔任共通的準則，包容多元的群眾。反過來說，**有了目的這個共通準則的「包容」(Inclusion)，才有可能在本質上實現「多元」**(Diversity)。若非如此，組織要不是在一片混沌裡分解，就是雖然嘴裡高喊著多元，卻只是空洞的口號。

〔圖 2-2〕目的在組織中呈現階層結構

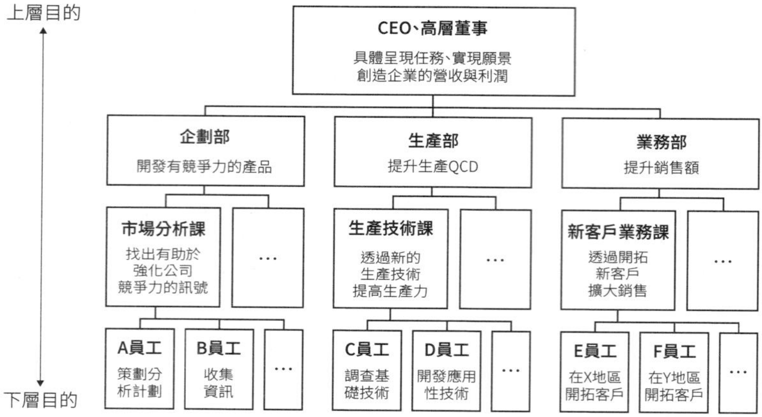

目的也要建立起和組織一樣的階層結構

另一個和日常生活不同的地方是，**商業上的目的要採取「階層結構」的形式**。因為階級化的組織，就是一個巨大的「解決問題的機構」。身為一個領導者必須理解組織的這項本質，接著就來說明一下這一點。

設定目的的舞臺「組織」，經常會用「組織結構圖」來加以呈現。現在就讓我們來想像一個「組織結構圖」（圖2-2）。

粗略來看，組織結構圖的頂點，存在

著一個包含了CEO的頂層。企業的任務、願景，以及營收目標、目標利潤的高低，都是由這個頂層決定。這些可說是整體企業的**「最上層目的」**。同時也會產生「如何落實成任務，進而實現願景」、「如何提高營收和利潤的水準」等最上層的問題。所謂企業，就是集合全體的力量去解決這些問題。

在比頂層低一階的階層中，就要以解決最上層問題為目標，設定出各個部門各自該達成的目的。舉例來說，企劃部的目的是「開發具有競爭力的商品及服務」；生產部是「提升生產上的品質、成本及交付（生產QCD）」；業務部是「提升銷售額」，每個部門各自擁有自己的目的。因為下層組織是朝著達成上層目的的方向，設定出自己的目的，所以我們就稱這些目的為**「下層目的」**。

接著，隸屬在這些部門內的更小的組織單位，也會各自擁有自己的下層目的，以滿足上一級的目的。比方說，企劃部裡的市場分析課的目的可能是「通過分析市場環境，找出有助於強化公司競爭力的訊號」；生產部裡的生產技術課是「透過新的生產技術提高生產力」；業務部裡的新客戶業務課則是「透過開拓新客戶擴大銷售」，每個組織單位都會各自提出更加具體的下層目的。

而組織裡的最小單位，則是隸屬於各個部署中的每一個員工，每個人在自己被賦予的職責中，各自朝向應達成的目的，執行各自的工作。這種階層式分工體制，就是組織存在的方式。

組織以頂層所提出的「最上層目的」為頂點，下層部門以達成上層部門所提出的「上層目的」為目標，一層一層地設定出自己的「下層目的」。**不僅組織有階層化的結構，目的也會循著這個結構，形成由上而下的階層。**而各部門則是各自負責解決自己應解決的問題，以達成自身的目的。因為各部門有著個別不同的目的，所以處理的問題當然也有所不同。

要在組織中設定出一個一貫性的目的，需要俯瞰的視角

各部門透過解決問題，達成階層化的目的，而其成果也一層一層向上連結，

最後就能實現整個組織所要達成的最上層目的。

從這個角度來看，組織就是一個大型的「解決問題機構」。因此，組織結構圖所採用的形式，與解決問題所使用的「金字塔」、「樹狀圖」雷同，絕非偶然。

這裡要介紹的是，當我們在設定目的時，有什麼該注意的重點。

重點就是，**在組織中設定目的時，一定要把握自己周遭的上層目的和下層目的，並注意相互之間的連貫性（連結）**。因為連結若是斷掉，將成果一層一層傳遞至最上層目的的向上運動，就會受到阻絕。

因此，領導者在設定目的時，必須能夠跳脫自己所在的崗位，以俯瞰的視角環顧整個組織。上層目的是以什麼為目標？上層的人希望下層的人做什麼事？用這樣的俯瞰視角，才能設定出從頂層貫穿到底層的目的。

將組織的目的落實成「前線的目的」

將上層目的和下層目的連貫起來時，必須注意的是，**上層目的與你的團隊之間是存在「斷層」的**。比方說，你被告知上層目的是「解決地球能源問題」，但你若把這個目的原封不動地告訴下屬，恐怕也沒辦法讓他們動員起來。因為上層目的的抽象度高，在前線工作的成員難以咀嚼吸收，因此無法將其化為行動。

此時，身為領導者的你，若不想讓上層目的淪為口號，就必須將其**「翻譯」**成前線語言，驅動團員。這裡所說的「翻譯」是指，**經過你自身徹底咀嚼、接受並理解後，將經營的企圖化作自己的語言，重新說給前線工作者聽**。如此一來，頂層的企圖才能傳達到底層，組織整體所採取的行動才能上下連貫、一氣呵成。

「翻譯」得不好，會發生什麼事？如果你無法充分咀嚼、吸收上層目的，而將其不上不下地傳達給團隊的話，團隊恐怕就會因為消化不良而陷入動彈不得的狀態。如果你只告訴大家：「要提升業務生產力！」結果也只會讓前線員工想說：「這是要我們怎麼做？」一板一眼地朗讀文件上的經營方針，並非我們的工作。

又或者，自己向下告知的上層目的是「誤譯」的話，又會發生什麼事？這時候，團隊所做的事就無法對上層目的產生貢獻，這麼一來團隊所付出的勞力，就得不到肯定。若把「透過結構改革，達到事業的精實化」的上層目的，誤譯成「加速開發新商品，以強化事業」的話，不管你再怎麼拼命提出新企劃，也只會被罵說：「我是叫你找出主力事業，為什麼你卻一直想說要怎麼增加冗餘？」

透過「翻譯」將頂層和底層連接起來以動員組織，這是只有帶領前線員工的中階實務領導者才能辦到的事。這項任務具有非常決定性的影響力，既可以使整個組織運作變得順暢，也能大亂。當你把經營的訊息用自己的語言「翻譯」給前線員工時，你就已經成為替代經營階層、負責前線經營的管理代理人(Management Agent)了。

將重心擺在「位階」上，設定一個「層級剛剛好」的目的

對商業舞臺上的目的設定有了基礎的了解後，接下來就要來談談更具體的目的設定之技法。

實際設定目的的時候，有一件事必須在一開始就先釐清。

那就是**「要以哪一個層級設定目的」**。

還記得嗎？前面提到，目的會在組織中形成一個由頂層至底層的階層結構。在組織大大小小的各種等級上，都存在著目的。有的目的十分遠大，例如「帶給人類一個永續的未來」；有的目的則更加個別而具體，例如「得到來自新客戶○○公司的大單」、「改善生產產品A的成品率」等。

如此看來，我們所設定的目的，既不能太大也不能太小，必須符合自己應該達成的等級。而我們該如何判別怎樣才是大小剛剛好的等級？

〔圖 2-3〕組織中的位階與目的的等級相互對應

組織中的位階			目的的等級
全公司的最高層	CEO、高層董事	↔	**全公司的任務與願景** 「為人類的幸福做出貢獻」
事業的最高層	營運長、 事業部總經理	↔	**事業的任務與願景、事業的經營課題** 「用本公司的產品解決能源問題」
高層	總經理	↔	**部門單位的活動計劃與整體活動主題的管理** 「運用尖端技術，建構新的主力事業」
中層	課長、主任	↔	**以活動主題為單位的計劃、營運和管理** 「探索尖端技術，找出有前景的商業用途」
實務工作層	一般員工	↔	**根據計劃與命令執行工作** 「最晚在二週後整理好技術調查的資料」

↕ 組織中的位階及目的的等級

目的的等級只要與自己在組織中的位階（立場）加以對應即可。

一個組織的階層配置是以CEO為頂點，下一層是事業部及其他各功能部門，再下一層則是隸屬於這些部門的員工。而目的也會對應於這些位階而存在各種等級。

圖2-3的「組織－目的的階層之模型」，就是將組織的位階與目的的等級彼此對應的圖表。

舉個例子，假設你是處於企劃部的「中層」（課長、主任）位階。一般而言，你設定的目的等級，就會是在該部門中「以部門活動主題為單位」。比方說，當你要設定目的時，就會從確認「上層」制定了什麼樣的上層目的開始做起。假設此時的上層目的是：

・**運用尖端技術，建構新的主力事業**。

那麼，位於「中層」位階的你，應該設定的目的就會是：

・**探索尖端技術，找出有前景的商業用途**。

這就是一個可與上層目的整合的部門活動主題單位。一個組織中的目的要上下連貫，就需要各個位階的人，都能夠制定出等級符合其位階的目的。

換言之，**原則上的第一要旨就是，制定出一個自己的位階所該完成的目的**。只顧著高談上層目的，卻對自己的目的草率馬虎的話，也只會被上級反問一句：「你說的是沒錯，但你要做什麼？」如果是提出比自己位階更低層級的目的，就會被訓斥說：「你得把眼光放得更高一點。」

目的的等級必須與自身位階相符，請把這一點當作我們設定目的的基準線。

用「時間軸」判斷目的所能瞄準的射程

讓我們畫一條長長的橫向箭頭，在這條箭身上點上幾個點，作為期間的區隔。這就是**「時間軸」**。如果說「位階」能為設定目的提供「空間軸」，那麼目的的射程所及的「時間」長度，就應該看作是設定目的的第二條軸。

一個目的的廣度，會根據我們所設想的時間軸有多長，而大大不同。比方說，如果設想的是一到二週左右的短期間，就應該會提出較為實務性的目的，例如「完成競爭對手的市占率分析」、「在定期會議前找出重要課題，並整理出應對方案」等等。

相對地，如果時間軸是設定為今後三年至五年的期間，那應該就會制定出規模大到可以左右事業方向性的目的，例如「對既有事業實行選擇與集中，提高競

〔圖 2-4〕以多遠的射程設定一個目的？

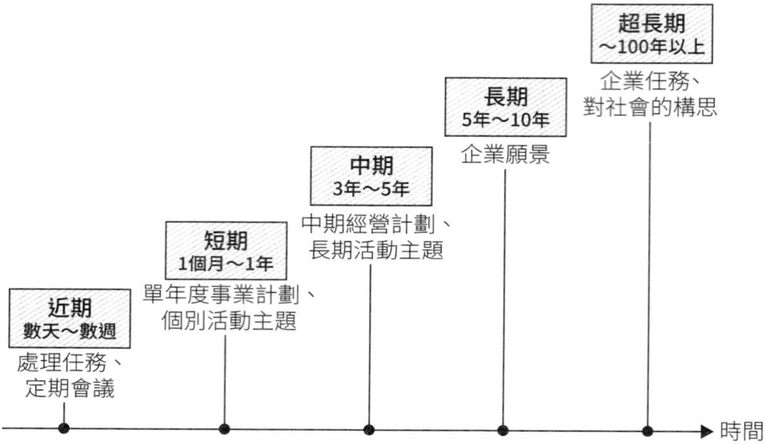

爭力」、「推出新的主力事業，以因應經營環境的變化」等等。

也就是說，**目的的規模會根據時間軸而不同**。想要掌握像這樣的目的廣度，那就最好讓自己心中能有一個基本的「時間軸感」。具體來說，只要如圖2-4般，區分出五個基礎區塊——超長期、長期、中期、短期、近期，對於現在自己該以多遠的射程設定目的，思考起來就會比較簡單。

那麼，設定目的時，要如何挑選合適的時間軸？**用符合位階的時間軸來設定目的，在此處也很重要。**

假設你所處的是「中層」（課長、主任），那麼思考企業願景是什麼，就會與原本該設定的時間軸有所誤差。你身為一名率領第一線員工的實務工作領導者，首先一定會有一個未來數個月至一年間必須完成的任務，或者必須在下週、下下週前處理好的課題。首先，你必須好好地為自己的位階所該負責的時間軸範圍盡到責任。這是掌握時間軸感的基本功，也是我們該時刻留意的基準線。

為了避免誤會，這裡必須說明的是，我的意思絕對不是「不可以提高視角，把目標放在遙遠的未來」。以俯瞰的視線環顧整個組織的目的，讓組織的行動上下連貫——保有這種姿態，對於拓展你自身未來的可能性是十分有幫助的。

這裡想說的是，**在組織中有些目的，只能透過你的手去實現。有關目的的設定，你要先做的就是將那些目的釐清**。這是設定目的的時的重點所在。

至於更高遠的目的，則是會在你成長茁壯到當下的目的已經無法再圈限住你的時候，自然會出現。屆時，你周遭的人一定也會期待你擔負起新的目的。當時機成熟時，自然會有更大的目的迎面而來。因此，現在不必急著向前超越。

使命（我該做）與意志（我想做）——創造目的的力量來源

透過「空間」和「時間」確立起目的的設定的外框。不過，光是確立起外型上的框架，也無法讓目的自動在框架中現形。我們還需要的是創造目的的**「力量來源」**。

還記得嗎？目的具有「Objective」的性質。目的是伴隨著當事人「企圖瞄準」的主觀性（念頭）而生的。光有客觀性的事實（Fact），也無法使目的成立。這就好比說，無論陳列出了再多觀光地的資訊，只要沒有主觀性的「我想去如何如何的地方」的想法，就無法確定要以哪裡為目的地。也就是說，你心中的念頭，就是設定目的的力量來源。

那麼，確立目的的力量來源中包含了什麼？

它包含以下二者：

．我該做～的「使命」
．我想做～的「意志」

什麼是「使命」？比方說，當你看到有小孩在河中溺水，你會升起一股「我得去救他」的心情。在發生了問題的情況下，內心所湧出的「我應該做什麼什麼」、「我們原本應該是如何如何」的情緒，就是所謂的「使命」。

商業上的例子則是當你看到商品開發部門與業務部門發生衝突時，會想說：「應該建立一個能讓商品開發和業務緊密合作的體制」。看到業務老是在跑老客戶的線，讓營收越來越萎縮時，你更加相信：「我們應該在基本盤的客戶中加入更多新客戶」。像這樣提出某個目的時，「使命」就會作為力量來源，在背後發揮作用。反之，在感受不到這種使命的空洞狀態下制定出的目的，絕對不會擁有吸引眾人的「力量」。

那麼，另一個創造目的的力量——「意志」又是什麼？「使命」是來自理念、應有之樣貌等的「價值標準」；「意志」則是來自於「我堅決想要做〇〇」的「意願」。例如「我想擺脫物品的販賣，從事平臺型商業」、「我想讓我的工廠成為能在全球發光發熱的最先進工廠」、「我想建立一支活用數位技術的高智能業務軍團」——這些皆是典型的出自於「意志」的目的。

如上所述，**目的就是以「使命」（我該做）及「意志」（我想做）為動能**。在「位階」與「時間軸」的框架中注入「使命」與「意志」的力量，就能生成目的。

把當下的「能力」（我做得到／我做不到）暫且放在一旁

這裡該注意的是，當你在設定目的時，暫時先不要考慮「能力」（我做得到／我做不到）。

當我們在制定目的之際，有時會用現狀的能力束縛自己的未來，想說「目前的自己實在做不到」。然而，一開始就考慮「我做得到／我做不到」的話，我們的目的就會受到限制，進而被禁錮在狹窄的現狀之中。如此一來，就不可能創造出新的價值。

如果因為現狀下的先入為主的觀念，就扼殺了原本有可能實現新價值的機會，未免太過可惜。因此，**設定目的之際，暫且不必考慮「我做得到／我做不到」，要先從基礎為零的「我該做～」「我想做～」的意念出發**。像這樣建立起目的後，接著才是考慮「該如何實現這個目的」。想要創造出新的價值，就絕不能把這個順序搞錯。

能力不過只是實現目的的「手段」。假如當下的能力尚且不足，那麼我們也可以配合目的去強化自己的能力，或者從外部來加強。能力是可以跟隨著目的而提升的，更進一步說，如果要實現新的價值，就必須將能力提升。只要我們認同目的是以未來的新價值為目標，那麼當我們在思考實現目的所需的能力時，就該以「今後」為基準，而非以「現在」為基準。

沒錯。正因如此，莫罕達斯．甘地 (Mohandas Gandhi) 才會留下這句名言：

「找到你的目的，方法就會隨之而來。」

設定目的需要的不是「分析」(Analysis)思維，而是「整合」(Synthesis)思維

「位階」、「時間軸」、「使命」、「意志」——當這些制定目的的條件都已備齊時，最後我們該如何真正使目的成形？

要找出能讓人心悅誠服的目的，就要向自己提問：「為了什麼？」這才是設定目的的不敗之道。

請回想一下常見的解決問題的過程。一般來說，我們會將大問題分解成小問題，針對分解出的小問題思考解決對策。此時，我們會用分析(Analysis)的思維，將一個大的主題分解成許多小的部分。

但我們若把分析思維用在設定目的上，就有可能變成朝著理想的相反方向前進。這是因為目的是團結起許多個別部分的「金字塔頂點」，當我們越是細分，細分出的部分就會離目的越遠。因此，分析思維無法創造目的。

〔圖 2-5〕設定目的所需的不是「分析」思維，而是「整合」思維

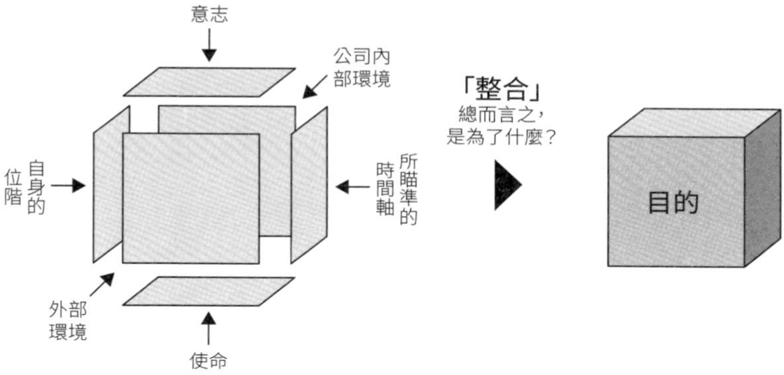

那麼，我們究竟該用什麼樣的思考方式來設定目的？

答案就是要將分析思維的方向掉轉一百八十度，變成會彰顯出「總而言之，我們要達到的目標是這個」的**整合（Synthesis）思維**。詢問自己：「總而言之，是為了什麼？」然後總結各種要素，包括自己的位階、瞄準的時間軸、意志、使命、組織內的問題認知和要求、外部環境的變化等等，將其整合成一個目的。這就是整合思維（圖2-5）。

「整合思維」一詞或許大部分的人都不太熟悉。從某種角度來看，也不難理解為何如此。畢竟，分析思維會使用到樹狀圖、表格等圖表，它是一種用肉眼可見的形狀進行說明的

方法論；相對地，整合思維則是在大腦這個肉眼無法看見的黑箱中進行處理，而難以用直接的語言解釋清楚的內隱知識。

但這並不代表整合思維就是一種虛無縹緲的概念。只要加以留心，就會發現我們也經常在日常生活中進行「整合」。比方說，看完電影《魔法公主》後，我們會思考：「總而言之，這部電影是要傳達什麼？」而這正是一種整合思維。將電影的背景、角色、發生在他們／她們身上的事件及其結果加以歸納後，得到一個心得：「啊～這是在警告人類環境破壞的嚴重性。」這個瞬間正是整合思維在發揮作用。

組織中，位階越高，越需要的思考能力是整合思維，而不是分析思維。畢竟在極度複雜的經營環境中，領導者的使命就是指出一條道路，告訴大家「我們要朝這個方向前進」，如此看來，就不難理解為何整合思維如此重要。隨著科技越來越進步，現今「分析」（Analysis）一詞十分受到重用。然而，身為一個提出組織目的、指明方向的領導者，**我們更該看重的應該是「整合」（Synthesis）的思維**。這一點是我想要特別在此強調的。

「如果少了這項工作會怎麼樣？」——找出目的的「反面提問」

「總而言之，是為了什麼？」若是利用這項提問，制定出工作的目的，那就是從正面迎戰目的的正面進攻法。但有的時候，我們單純用正面進攻法思考，往往也思考不出一個頭緒，反而陷入了「困擾糾結」的狀態。這時候，我們不妨要換個角度思考，從「反面」去接近目的，試著問自己：

「如果少了這項工作會怎麼樣？」

我們之所以要投入一項工作，是因為這項工作會帶來某種新價值。如果反過來解讀，那就意味著少了這項工作，會使我們失去某種未來的價值。

所謂的「未來的價值」，當然就是這項工作的目的。因此，對自己提問「少了這項工作，是否會失去什麼價值」，也是探索工作目的的另一種切入點。

讓我們來看看身邊實際工作上的例子。假設你接到「為下週的總經理會議先做好準備」的工作命令。於是你想設定會議目的，你思考著「這個會議是為了什麼而存在的」，卻怎麼也想不出個所以然來。這時候你便試著提出「反面提問」，問自己：「如果少了這個會議會怎麼樣？」這時，你發現以下的會議目的：

「少了這個會議，總經理就不會知道目前正在發生的重要課題，結果造成課題被置之不理，得不到解決。這麼一來，當前的工作就會停滯不前……這麼說來，這個會議的目的似乎就是『讓總經理了解到阻礙進展的課題，請他指出一個解決的方向』。」

目的是肉眼看不見的抽象概念，所以不斷思考「為了什麼」，經常會陷入一種鬼打牆的狀態。你說不定也曾經歷過這種陷在不停問著「為什麼」的迷宮中走不出來的經驗。此時，如果繼續糾結在「煩惱」中，從理性來看，這並不是一個值得讚賞的做法。我們需要換個方向，從不同的思考角度切入。**「把問題反過來問」**就能在這時候帶來幫助。

設定「目的」的執行步驟

到此為止，我們談完了設定目的上所需掌握的心態及重點。接著，就要來介紹一邊留心這些心態及重點，一邊設定目的的執行步驟，也就是所謂的「套路」。

〔步驟一〕掌握工作的「上層目的」及其「背景」

在組織中設定目的時，首先必須掌握的是「上層目的」是什麼。現在就讓我們用一個具體的商務情境，看看該如何實踐。

你在一家辦公設備製造商工作，隸屬於業務企劃部。其中的第一業務企劃課專門負責大規模都市圈，而你則是該課的領導者。你必須為自己率領的團隊制定明年度的活動計劃，你現在正打算釐清其目的。

你根據原則，先確認自己必須做出貢獻的上層目的。於是，你看到整體業務企劃部明年度的活動方針是「提升業務部門的精實度」。對你而言，這正是上層目的。你在為團隊制定目的時，必須使其與這項上層目的保持連貫性。

在掌握了上層目的後，我們就會想要開始思考自己的目的，但這時必須先暫停一下。光是理解了上層目的是什麼，其實並不足夠。因為只掌握了上層目的的表面形式，也有可能會錯誤解讀其企圖。

那麼，**確認上層目的時，同時還需要搭配理解的是什麼呢？那就是藏在上層目的背後的「背景」**。任何目的的背後都存在著它的「背景」。所謂的「背景」，就是提出這項目的背後的經過與契機。說得更具體一點，「背景」就是對某個問題的認知，而這個認知會賦予我們朝該目的努力的必然性。這種問題認知包含了一項事業所面臨的煩惱（〇〇的狀況不樂觀、進行得不順利）或改變的必要性（必須擁有〇〇的能力、必須做更多〇〇）。也就是說，「背景」是負責回答我們「為何需要追逐這項目的」。

若沒有確實掌握「背景」，就試圖從表面去理解上層目的，會發生什麼事？簡單來說，就是會產生「誤解」和「誤譯」，而使自己離創造成果越來越遠。

這件事也可以從我們的案例來理解。

上層目的是「提升業務部門的精實度」。光看文字，或許你會理解成：

「既然要提升業務部門的精實度，那就必須削減掉業務部門的冗餘囉？確實，我們部門的商品種類繁多，光是要掌握全部商品，對我們的業務工作就是很大的負擔了。既然如此，那就把現在的商品種類加以精簡，只專注銷售主力產品，應該就能達成提升業務部門的精實度了。」

當然，這樣的理解不一定是錯的。但假設制定上層目的的業務企劃總經理，心裡所想的「背景」如下所述的話，會發生什麼事呢？

「我們公司也不能不順應少子高齡化的時代潮流。近來，員工的錄取人數持續縮減，離職人數不斷增加。業務員也不例外，未來恐怕很難大幅地擴大編制。即使如此，今後我們還是需要擴充商品種類，因為這是我們公司的強項，並且提升銷售那些產品的業務能力。正因如此，我們必須削減目前多餘的業務活動，建

〔圖 2-6〕掌握背景就能對目的有更深刻的理解

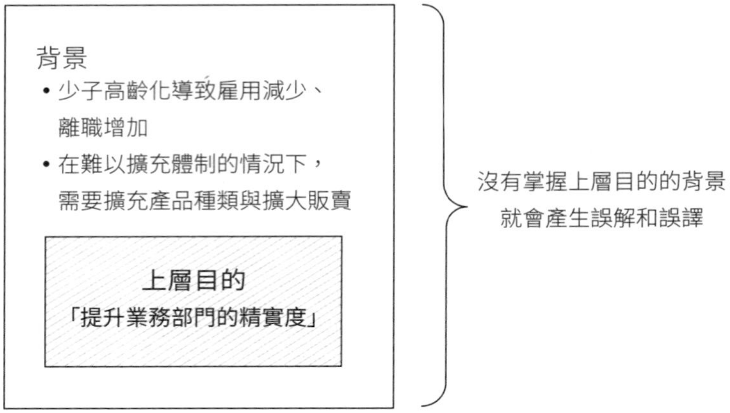
背景
• 少子高齡化導致雇用減少、離職增加
• 在難以擴充體制的情況下，需要擴充產品種類與擴大販賣
上層目的
「提升業務部門的精實度」
沒有掌握上層目的的背景
就會產生誤解和誤譯

立高精實度的體制，將力量投注在能帶來價值的活動上。」

如果沒有認知到這樣的背景，就做出了「商品種類的精簡」，這個行動就會與上層目的的企圖相反。這就是誤解上層目的所造成的誤譯之危害（圖2-6）。

「目的」與「背景」就像一個硬幣的正反兩面，兩者是一體的，必須同時加以理解。唯有搭配背景深入了解目的後，才能正確掌握該目的的企圖。對目的的深入理解，能幫助你在組織中建立起連貫的目的，也能讓你正確地向第一線的團隊翻譯出能帶來成果的訊息。

順帶一提，我們管理顧問在擬提案書(Proposal)的時候，提案書首頁絕對是從「背景與目的」的標題開始寫起。因為一開始就必須掌握的大前提，就是把握一個事業所處的環境，然後用一個合適的目的，指出明確的方向。

〔步驟二〕利用「位階」與「時間軸」掌握目的的廣度

把握住工作的上層目的與背景後，接下來就要進入設定目的這項重頭戲了。這時候，必須先掌握目的設定的外框，也就是「位階」與「時間軸」。因為忽略了外框，就有可能設定出過分遠大的目的，或狹小到不合身的目的。

所以，現在我們就先來確認一下你在此次案例中的位階與時間軸。

- **位階：率領業務企劃部轄下的第一業務企劃課的「中層」領導者（課長等級）**
- **時間軸：目標是明年度的活動，期限為一年**

換言之，你身為第一業務企劃課的「中層」領導者，必須為往後的這一年設定目的。你只要在這個框架中制定出目的即可。

反之，如果偏離了這個框架，你的目的就會不在原本該有的等級上。例如，假設你是剛升上「中層」職位（課長、主任等級）的領導者，你還沒有跳脫出「實務階層」的意識形態。此時，如果你還固守過去的職責，定出的目的是「製作打動客戶的業務員銷售手冊」，那麼這個目的對現在的位階來說就會顯得眼界過低。

再者，假如你沒有遵守為期一年的時間軸，設定出「建立起一支全球第一的辦公設備業務軍團」的目的，又會發生什麼事？如果只是將這當作未來的「夢想」，用來鼓舞團隊的士氣，當然沒有問題。但若將這宣布為一年後的「目的」，不僅會大大偏離往後這一年的活動，還會跟上層目的無法整合。

先守住自己的位階該遵守好的範圍，是設定目的時的基準線。確實守住自己該達成的目的，你的成果才會對達成比你更上層的目的產生助益，最終才能使組織創造出成果。因此，定出位階與時間軸的框架，在適當的等級上設定目的，是缺之不可的步驟。

〔步驟三〕問自己「為了什麼」，並書寫下來

確認好上層目的的背景，定出位階與時間軸的外框後，就要正式進入設定目的的階段了。這時候，你的「使命」與「意志」會成為設定目的的來源。

也就是說，你要知道的是，對現在的團隊及工作而言——

- **該實現的是什麼樣的狀態？（使命）**
- **該前進的目標為何？（意志）**

如果你處於一個缺乏內在動機的狀態，那你所設定的目的也會變得空洞。因此，重點在於你朝自己的內在深挖，找出你認為自己該實現什麼，自己想朝什麼方向邁進。

假設在這次的案例中，你的動機如下：

「近年，業績確實有增長，與客戶的關係也越來越緊密。不過，團隊整體安於現狀，原本應該全力以赴的活動，好像也變得沒那麼用心了。團隊原本應該可以發揮更大的價值，這才是團隊應有的狀態。」

你所感受到的「使命」，就是本案例中設定目的的動機。先把這個使命放在心上，再透過下面這個問題來尋找你的目的。

「我們第一業務企劃課是為了什麼而活動的？」

或者，你也可以使用以下的「反面提問」。

「如果少了第一業務企劃課的活動，會發生什麼事？」

一邊向自己詢問這些問題，一邊將你覺得是目的的項目一個一個寫下來。此時，你必須將腦中浮現的候補目的，好好地用文字寫在紙張或其他載體上。當我們反覆思考著「為了什麼」的時候，往往會在相同的事情上想來想去，結果落入了思考的死胡同裡。因此，在處理目的這樣抽象的事物時，最好能讓目的變成用肉眼看得到、用手感覺得到的具體事物。

這樣不斷詢問自己，應該就會出現各式各樣的想法。

「深化與老客戶之間的關係。」
「開拓新客戶。」
「提升業務工作效率。」
「提高業務員的技巧。」
「提升IT業務支援的等級。」

每當有想法浮現，就用文字寫下來，並反覆地詢問自己：「真的是為了這個目的嗎？」「有沒有其他更該達成的目的？」透過重複不斷的詢問琢磨你的目的。

此時，要深究到哪裡，才能定出合適的目的？

答案是那件事讓你覺得「我們就是該投入此事」，讓你明確地對此感到心悅誠服的瞬間，這個信號就是在告訴你，你已經設定出了合適的目的了。在思索目的的過程中，我們一定會產生某種牴觸感，讓你心想：「這樣真的正確嗎？」「有沒有其他更重要的目的？」當你持續琢磨你的目的，直到這種牴觸感消失，感到豁然開朗時，那個目的就一定是個好目的。

讓我們回到原先的例子。經過反覆不斷地自問，你回到了最初的「使命」。目前的業務已安於現狀，原本每個人應該可以發揮更大價值的。即使組織今後難再擴充，只要提高每個人各自帶有的價值，也能在員工不多的狀況下，達成更巨大的成果。換言之，就是要「提升業務生產力」。這正是團隊應該共同邁向的「目的」——於是，你為團隊設定好目的了。

〔步驟四〕與上級磋商目的

在你自行定出目的後，最後的步驟就是要加入上級的視線，讓你的目的得到最終定案。**在開始進行具體工作前，一定要先和上級確認，你所設定的目的是否**

有「好的資質」。

這麼做的其中一項理由是，目的會潛在性地決定未來能創造出什麼價值，而你的工作表現，就是由這個價值來評判優劣的。如果自己設定出的目的有所偏差，無法對上層目的產生貢獻，那麼就算達成了目的，你也得不到肯定（在結束工作，志得意滿地向上級報告時，卻被說：「我想要的不是這個！」這種經驗應該每個人都有過吧）。自己設定的目的與上層目的不符，在沒有修正偏差的情況下就投入工作，而白白浪費了勞力，這是我們所不樂見的事。

與上級磋商目的，還有另一個理由。**那就是我們可以趁這個時候偷學上級鑑定目的時的「見解」與「品味」。**對於我們絞盡腦汁想出的目的，上級會從一個更高的視角給予意見，會從我們看不到的角度給予批評。此時，從旁觀察上級判斷的方式，是培養自己設定目的的感受力的最佳良機。除了能根據上級的批評修正目的外，更重要的是，我們還能吸收學習上級提出這樣的意見時「對事物的思考方式」。

將上級的「見解」、「品味」、「對事物的思考方式」化作自己的能力，就會讓你在未來能自行設定出更加精闢的目的。如此一來，不但能減少與上級磋商所需的時間，有朝一日甚至還能得到上級的一句「交給你全權處理」。這將是你已經成長茁壯的證據，而你的職業生涯也會往前更邁進一步。

目的是用來指出工作應邁進的方向。如果一開始就有所偏差，那麼無論在工作的過程中投入了多大的心血，最後都無法化為成果。因此，在最初期的階段就該先與上級磋商。千萬不要還沒對目的進行意見整合，就以「敷衍了事」的狀態開始工作。這可看作是我們工作上的鐵則之一。

案例解方

談到這裡，讓我們根據「目的的制定方式」，回頭思考一開始的案例。

對於「為強化公司的競爭力而進行新商品開發」，我們該如何設定其目的？換句話說，就是如何設定商品開發的策略企圖？

首先，設定自身的目的前，要先從確認上層目的及其背景開始做起。回顧總經理所說的話，他提到的背景與目的如下：

・背景：過去，我們公司一直是靠著獨家的技術順利成長至今。但近年來，既有產品類別發展得越來越成熟，成長逐漸陷入停滯。

・目的：透過開發新商品，創造出新的成長來源。

你要以這項上層的背景及目的為目標，設定開發商品的策略企圖。而你的位階則是，被賦予了一支開發團隊，並且能自由地進行討論。時間為一年。為了在這樣的條件下找出策略企圖，就要試著詢問自己：

「我們進行新商品的開發，是為了什麼？」

最顯而易見的是「充實既有的產品線，深入探究老客戶的需求」。但這個目的是錯誤的。因為這個目的沒有與上層的背景及目的整合。一直留在既有商品的領域裡奮戰，也無法從已經過度成熟的事業中跳脫出來。

因此，我們必須再次思考「為了什麼？」如果從完全相反的方向思考，則有可能是「向新客戶提供一系列嶄新的商品，以創造出新的市場」。從踏足新領域的角度來看，這確實是一個革新性的目的。只不過，考慮到為期一年的限制，這麼做是不切實際的。

此時，我們還看不到令自己心悅誠服的「為了什麼」。但回顧前面所思考的，則會發現我們是從以下兩個視角在思考策略企圖：

- **「對誰」↓是老客戶層？還是新客戶層？**
- **「做什麼」↓是既有的商品系列？還是新的商品系列？**

將這兩個角度加乘起來，似乎就能從制高點俯瞰，找出有哪些策略企圖的可能性了。我們可以如圖2-7，將可能性劃分成四個象限。其中，我們首先想到的是第二象限和第四象限。

〔圖 2-7〕開發新商品的策略企圖該放在哪裡？

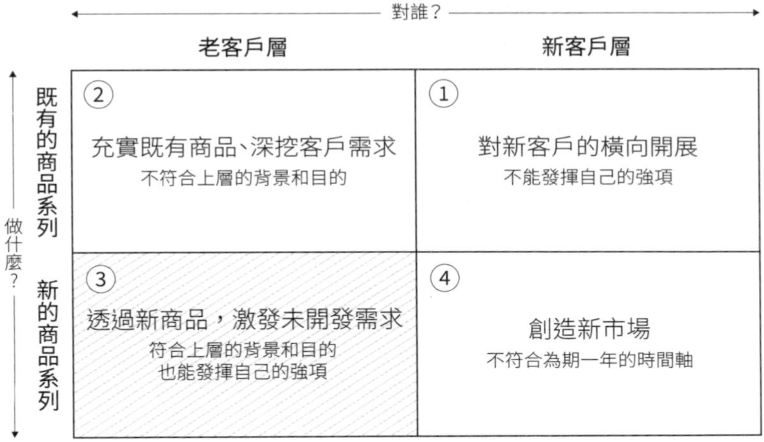

逐步確定了思考該聚焦於哪裡之後，我們就可以開始思考剩下來的第一象限和第三象限。

第一象限是「將既有的商品系列，向新客戶橫向開展」。這就是真正的目的嗎？確實有創造出新的市場，理論上是可行的選項。但若要問自己有沒有「我想做」的「意願」，這可就很難說了。自己對老客戶有十分深厚的了解，所以想要善用這些知識。可是，第一象限裡沒有這樣的空間。那麼，這個目的就還不能讓自己心悅誠服。

因此，最後要來看的是第三象限。這裡是「向老客戶層提供新商品，激發尚未開發的需求」。這個目的可以與「對

〔圖 2-8〕與上層目的保持連貫性，設定出的目的才不會偏差

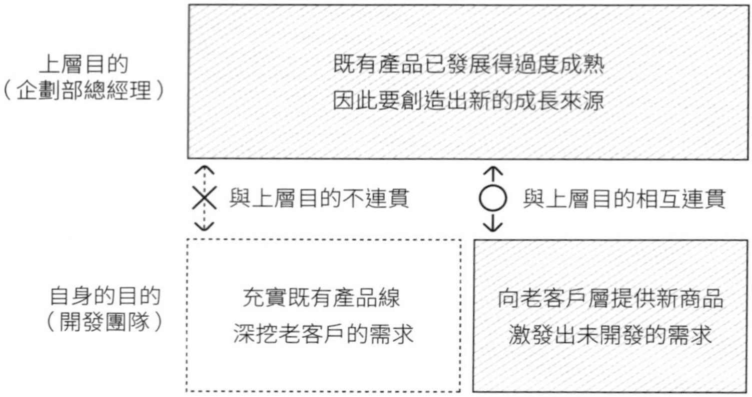

於既有商品的過度成熟化，創造出新的成長來源」的上層目的整合。不僅如此，還能發揮自己的強項，也就是對老客戶的了解。這正是符合自己的「意願」和「使命」的目的（圖2-8）。

就把這當作開發新商品的策略企圖，向大家宣布吧。

當自己制定出目的後，在開始投入工作前，要先向上級確認妥善與否。在最初的階段將目的加以整合，才能在工作正式啟動後，避免徒勞無功。在向總經理詢問後，得到了以下回應：

「很好，你有抓到我的問題意識。如

果能實現這個目的，組織就有可能創造出新的成長。這樣看來，我可以把工作安心地交給你了。就按照這個方向好好去做吧。」

設定目的時重要的是，一次又一次問自己「為了什麼？」再用「這是真的嗎？」加以檢驗，直到自己心悅誠服。透過反覆詢問，萃取出你的目的。經過這樣的萃取而令你感到心悅誠服的目的，將會成為一面號召眾人的旗幟，說服他人為你做事。連自己也說服不了的目的，不可能說服得了他人。因此，設定目的時，不能妥協，一定要琢磨到自己能夠心悅誠服為止。請在這個案例中用心體會出這種心態的重要性。

目的的變化會連鎖引發行動與成果的變化——梯狀瀑布效應

到目前為止，我們談了「如何設定目的」，也就是「How」的話題，而這一節我們要再回過頭來探討設定目的的意義，也就是探討「Why」。關於這個話題，首先來看看下面這句話：

「一隻蝴蝶在北京拍動翅膀，卻在紐約引發颶風。」

這句話是用來比喻這個世界的一個性質——「起初只是小小的差異，之後卻顯現出巨大的差別」。在混沌理論這個研究複雜系統的領域裡，取蝴蝶的名稱，將這種性質稱為「蝴蝶效應」。日文諺語的「風一起，木桶商人就大賺」，表達的也是相同的概念。

這種蝴蝶效應，也就是「起初的條件設定，會對之後的結果造成巨大影響」的狀況，也會發生在設定目的上。因為目的位於三層金字塔結構的頂點，當這個目的一改變，後續的設定目標與實踐手段，乃至最後產生的成果，都會連鎖性地發生徹頭徹尾的改變。

比方說，最近坊間開始大力宣傳「數位轉型」(Digital Transformation) 的重要性。但數位轉型難以駕馭，因為數位轉型並非目的，而只是達成目的的「手段」。因此，進行數位轉型，會因為目的的不同，而產生完全不同的樣貌和成果。

假設你的組織中也有人在鼓吹「推動數位轉型」。那這個數位轉型是「為了什麼？」我們可列舉出以下三種可能的目的：

- **改革既有事業的商業模型。**
- **提高生產作業的效率。**
- **強化與客戶的接觸點。**

如圖2-9所示，即使主題同樣都是數位轉型，只要最初設定的目的不同，後續的行動與成果就會變得完全不同。**書寫出來只有十個字左右的目的，卻會決定組織後續動向的不同。**這就如同蝴蝶振翅引發颶風的現象。

只要目的不同，顯現出的具體的行動與成果就會大大改變——我們不妨模仿「蝴蝶效應」的命名，根據形象將這個現象命名為**「目的的梯狀瀑布效應」**。梯狀

〔圖 2-9〕目的的變化會連鎖影響到後續的一切——梯狀瀑布效應

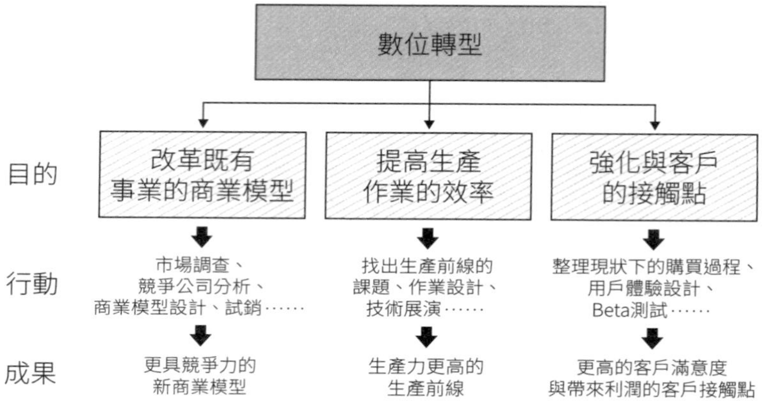

瀑布（Cascade）是指由數段小瀑布連結而成的瀑布。如果目的是梯狀瀑布的頂點，那它就會依「目的↓目標↓手段」的順序，連鎖性地一層接一層向下影響。也就是目的的變化不但會影響到後續的目標及手段，甚至還會連鎖性地使成果發生變化。

另一方面，如果用更積極正面的角度來看，梯狀瀑布效應還能帶給我們一個十分重要的啟示：目的是組織改革的關鍵。因為目的位於金字塔結構的頂點，所以目的會對位於其下的組織目標與具體執行手段，產生支配性的影響。這件事告訴我們：只要改變目的，組織也會為了達成該目標，而連鎖性地產生變革。因此，**只有不停詢**

問「目的為何」的組織和團隊，才能根本性地開拓出一條改革的康莊大道。

目的甚至會改變組織和團隊的未來樣貌

若從「目的會改變組織的存在方式」來看，或許我們可以說「目的的存在是先於組織的」。這意味著，當你用自己的語言提出目的時，組織、團隊也會配合著這個目的茁壯。**只要目的是強而有力的，那麼組織和團隊也有可能為了達成該目的，而想得更多、做得更多，進而在這個過程中培養出更強大的力量。**

試想一下，當你說「公司想蒐集〇〇市場的數據」，和你說「公司想創立一個新事業，並培養成今後的主力事業。因此希望能蒐集這方面的資訊」的時候，團隊所採取的行動會有什麼不同？

如果說出的是微觀的目的——「公司想蒐集〇〇市場的數據」，那麼團隊能培養出的能力，頂多是有效率地在網路上搜尋、快速地製作成圖表這類小事。

另一方面，如果說出的是宏觀目的——「公司想創立一個新事業，並培養成今後的主力事業」，那麼團隊的工作就不會停在製作表格上。團隊將會為了達成目的，而做出各式各樣的思考，例如：有沒有適合發展新事業的市場機會？該克服的威脅是什麼？自家公司要如何與其他公司差異化？在此過程中，團隊不僅需要調查、分析，還會獲得建構事業等更巨大的能力。

從這層意義來說，設定目的不單意味著，未來要實現什麼樣的價值。設定目的還會決定一個組織或團隊，未來能成長成什麼樣子，在這過程中又能習得什麼樣的能力。如果目的小巧玲瓏，這個組織所能期待的變化也會是小巧的；如果目的是嶄新巨大且具有挑戰性的，那麼組織也能順應目的，產生大大的蛻變。所以說，目的甚至會改變組織和團隊的未來樣貌（圖2-10）。

從這點來看，我們必須將目的當成自己的生命線來思考。我們豈能把目的託付給他人思考，讓別人掌握自己，乃至組織或團隊的命運。一定要靠著自己的雙手畫出一幅「為了什麼」的巨大藍圖。這是引領組織或團隊的領導者，乃至決定自身命運的主人所肩負的使命。

〔圖 2-10〕**組織或團隊透過目的提升能力，未來樣貌也跟著改變**

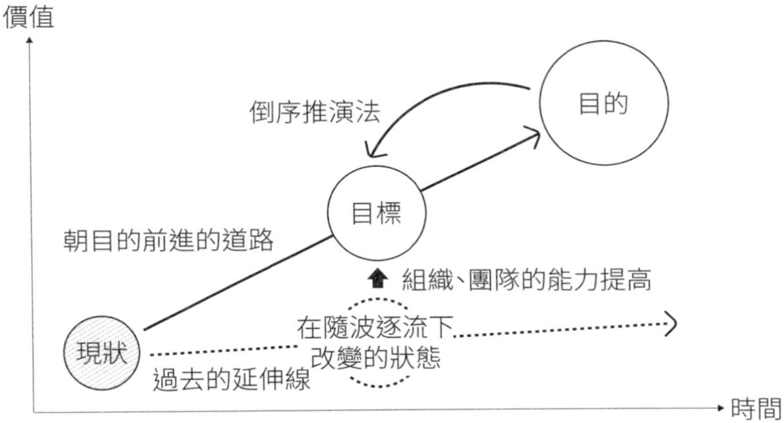

關於「如何設定目的」的話題就到此為止。接下來就要來談「如何」達成自己所設定的目的。

請回想一下三層金字塔結構。「目的」的下一個階層是「目標」。如何設定目標？如何將目標與目的連貫起來？關於這些方法，我將在下一章介紹。

第 3 章

將目的落實成「目標」的方法及執行

即使確定了旅程的目的地，也不一定一步即至。據說，建立起了廣大版圖的羅馬帝國，從西元前的時代開始，就在街道上以每隔一千步的間距，設置里程碑當作標記。在這廣袤世界中，在旅途上設置要衝，留下經過的軌跡，這是人類為了成就偉大的事業而孕育出的智慧。

這種古老的智慧也可以運用在現代的商業上。要想達成位於遙遠將來的目的，就必須在途中設置將旅程連結起來的里程碑，讓自己可以一步一腳印地前進。接下來就讓我們看看，如何使千里之外的目的變成能以實務對應的工作，最終成為我們腳下征服的土地。

案例研究

為第一次展開新客戶業務的下屬設定業務目標

你在某家B to B製造商的業務課擔任課長。你這次的任務是，以團隊領導者的身分重新檢視第四季度的業務目標。

回顧第一至第三季度的成績，和往年相比，老客戶的訂單正在穩定成長。另一方面，新客戶的訂單卻呈現停滯的狀態，所以上級為整個業務部提出的業務方針是「透過加速開拓新客戶，提升成長的水準」。同時也搭配此方針，為第四季度提出了一個宏大的目標：「每個人獲得新客戶訂單十五件以上」。你的工作是支援團隊，讓團隊裡的每一名業務員都能達成這個目標。

你的團隊中的山田，是一名進公司一年多的員工。過去他主要被賦予的工作都是與老客戶接洽，他還沒有和新客戶談生意的經驗。因此，你想幫助第一次向新客戶開展業務的山田設定業務目標。雖然已經有「在三個月內拿到新客戶訂單十五件以上」這個大目標，但對缺乏經驗的山田而言，如果只有這個目標，實在力有未逮。

你想為首次接觸新客戶業務的山田設定更具體的目標，同時也希望能藉此提高他的內在動機。如果是你的話，你會如何設定目標？

將抽象目的化為執行對象的具象物就是「目標」

從目的開始——這是我們共通的標語。

然而，要在工作上做出成果，光有目的就夠了嗎？

確實，目的是在高談希望實現的未來理想，並以此激勵組織。另一方面，實際要投入工作時，目的的抽象度又稍嫌過高。光是宣布目的是「以業界第一的○○事業為目標」，底下的人也不知道具體該怎麼做，而無法實際投入工作。

這時候就讓我們回想一下三層金字塔結構吧。

金字塔頂點的目的確定後，接下來輪到的就是設定出達成該目的所需滿足的「目標」。「朝著成為業界第一的○○事業前進」雖然是一個高度抽象的目的，但只要用一個具體目標對應，如「朝著三年內成為業界註冊用戶第一前進」，就能讓人感到更容易落實在工作中。換言之，目標是連結目的與手段的中途停靠站。

目的與目標的差異——目的地與中途停靠站（里程碑）

然而，「目的」與「目標」常常被混用。這種遣詞用字的混淆，還有可能會造成決策的混亂。因此，此處就讓我們先弄清楚兩者的差異。

簡單來說，**目的是指「目的地」，而目標是指「中途停靠站（里程碑）」**。既然目的是「為了實現新價值所設定的未來目的地」，目標就會被定位為抵達該處的過程中不能不經過的「中途的地標」。

舉例來說，請看下面這句話：

「田中總經理是我工作的目的。」

你是否感到哪裡怪怪的？田中總經理或許真的是一個了不起的人物，值得我們尊敬，但在這個時代，應該很少有人會說：「為了田中總經理，使命必達是我工作的目的。」「我工作，全都是為了田中總經理。」

因此，讓我們改寫成這樣的句子：

「田中總經理是我工作的目標。」

這麼一寫，就會變成在朝向目的前進的路上安置了一個必須經過的中途停靠站，而這個中途停靠站是如同田中總經理般的存在。也就是說，在工作上能如同田中總經理般能幹，是達成目的的條件之一。

我們可以從以上描述中釐清的一點是：**目標是為了目的而存在**。反過來說，**沒有目的的目標是沒有意義的**。因為那只是一場追著數字而跑，卻沒有設下終點的盲目競賽。「我到底是為了什麼而做這件事的？」我們就是在這樣的情境下，才會懷有這種空虛的心情。

此處就將目的與目標的含意和差異，整理成圖3-1方便參考。平時容易被混淆的目的與目標，只要透過圖表對比，就能清楚理解兩者的差異。雖然兩者語感類

〔圖 3-1〕目的和目標表面相似，實則是完全相對

目的		目標
目的地（Purpose／Objective／Goal）	↔	中途停靠站（里程碑）
整體（工作的意義本身）	↔	部分（達成目的的必要條件）
抽象（肉眼看不到、手摸不著）	↔	具體（肉眼看得到、手摸得著）
長期	↔	中期～短期

似，但領導者若混在一起使用，就無法向下屬提出恰當方針。最壞的情況下，甚至整個團隊開口閉口都是「目標」而迷失了目的，結果變成一個汲汲營營追求目標數字的集團。此時的團員們一定會失去朝氣與活力。

只有能制定出連貫性目的與目標的領導者，才能鼓舞團隊士氣。所以請務必記得，一邊在腦海裡回想金字塔結構，一邊讓目標永遠都是為了目的而存在。

「目標」能左右成果創造的四項功用

到此為止，我們已經知道何謂目標，以及目標與目的有何不同了。

那麼，**我們為什麼須要設定目標？**

這是因為目標是左右組織與團隊的執行力和內在動機的極關鍵因素。具體而言，對於一個組織或團隊，目標有以下四項功用：

① **將高抽象度的目的落實在實務工作上。**
② **有系統地找出有效的應對方案。**
③ **排除資源的浪費。**
④ **能實際感受到達成與成長，進而提升內在動機。**

關於第一項，只要回想一下目的與目標的不同，就很容易理解。目的是揭示

〔圖 3-2〕目標的四項功用

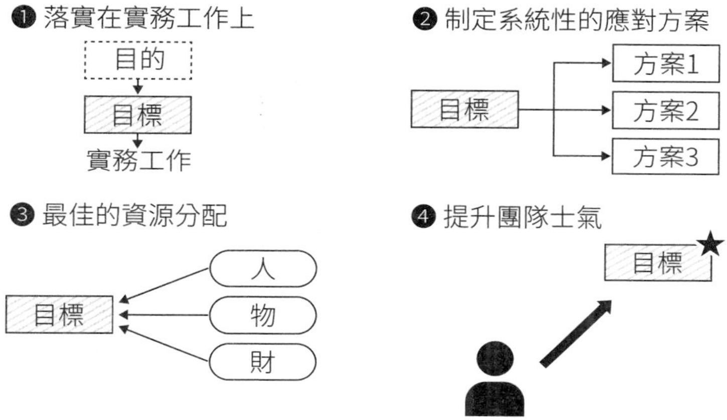

出自己想要達成的未來樣貌，但反過來說，目的容易淪為看不見也摸不著的抽象事物。比方說，即使你提出「提升業務部門的精實度」的目的，也無法直接將 How 的部分告訴下屬，讓他們知道實務工作上如何實踐。

但一個目的若伴隨具體目標，例如「三年以內廢除低利潤產品」，那麼我們就能看出現實中該如何執行，而讓目的落實在實務工作中。也就是說，**描繪夢想世界中的目的，可以透過設定目標，而成為現實中的工作**。

第二項是目標與達成目標所需的因應方案之間的關係。有了目標，就能瞄準目標，系統性地找出方案。也就是說，**有**

目標讓我們更容易一邊防範疏漏，一邊思考出達成目標的有效方案。如果沒有目標，可以採取的方案就會變得發散。在這種大海撈針的狀況下，既有可能錯失了有效方案，也有可能連方案的有效與否都無法判斷。

第三項則是，**有了目標，就能以目標為準則，集中分配組織的資源，也就是所謂的「人、物、財」**。比方說，如果設定了「將歐洲的銷售據點數增至三倍」的目標，就能判斷要將業務員集中投入此處，以開拓銷售管道。反之，若沒有明確的目標，就會失去資源分配的準則，變成雨露均霑的政策，將資源分散各處。

最後第四項是，**目標能激勵團隊，督促團隊成長**。透過設置目標作為中途停靠站，並一一加以達成，就能讓團隊在每一次的達成中，切身感受到工作的成果與自我的成長。當一個團隊接到了一項為期一年的工作任務時，成員會感到距離完成有些遙遠，但如果是每個月都設下一個目標，那麼團隊的士氣很可能就會變得大不相同。

執行實務工作、制定確切方案、做出最佳的資源分配、提升團隊士氣——這些都是在工作上創造成果不可或缺的要素。能否滿足這些條件，端看我們有沒有設下適宜的目標。我們之所以必須設定目標，原因就在於此。

設定目標的兩項基本切入點

到此為止，我們已經知道設定目標的意義了。

那麼，我們又該如何設定目標呢？

簡單來說，目標就是將目的分成多個部分，加以具體化後的產物。換言之，**「目標的設定」其實就是「目的的切分」**。此時有以下兩種基本的切入點：

1. **對組成要素進行切分。**
2. **在時間軸上進行切分。**

讓我們以身邊常見的事物為例，加以說明。

首先，「對組成要素進行切分」是什麼意思？

比方說，你設定的目的是「學好英語，讓自己有能力與海外客戶商談」。此時，可以將英語切分成「組成要素」，包括聽、說、讀、寫，以及建構起聽說讀寫的基礎，也就是文法、單字等。這麼一來，我們就可以將目的切分成以下目標：

①聽：聽懂西洋影集中自然的英文。
②說：能用英文說明公司所經營的事業之要點。
③讀：能讀懂英文報紙和英文電子報。
④寫：能用英文寫報告、寫電子郵件。
⑤文法、詞彙：能背誦出三百條含有商用單字、語法的例句。

①～④的目標是為了達成目的而提出定質性(Qualitative)的「達成所需條件」，⑤的目標則是設定了定量性水準值。**只要將目的這樣分解成定質性的條件和定量性的水準值，就能找出肉眼和雙手感覺得到的具體目標。**

設定目標的另一個視角是「時間軸」上的切分。這是將「何時為止」的期限加入目標中。比方說，在前面的例子裡，每個目標都沒有設期限。是十年後達成就好，還是半年內就要辦到，期限不同，執行的緊迫度也完全不同。不止如此，沒有期限的目標會讓人產生「反正沒設定何時為止，現在不做也沒關係」的態度，最後就會不知不覺地半途作廢。

清楚訂出以「什麼樣的狀態、水準」在「何時為止」實現，這是設定目標的基本功。要將乍看遙遠的目的，具體分解成目的進程上階段性的中途停靠站。這就是目標作為里程碑的效用。這麼一來，就能提出具體且實際的因應方案，讓遙遠的目的慢慢地來到我們的身邊。

「把困難分開解決」——大目標也只要切分成小目標就能達成

將目的分解成目標的理由還有一項。

這個理由可以用十六世紀法國哲學家勒內・笛卡兒（René Descartes）留下的

名言來解釋：

「把困難分開解決。」

把大問題分解成組成大問題的多個小問題，這些小問題應該就會比原本結成一塊的大問題容易處理。將切分出的小問題一一解決，最後就能解決大問題——這就是笛卡兒的名言帶給我們的啟發。

這項原則在設定目標上同樣適用。乍看之下十分困難的目標，只要分解成小目標，就能提高達成目標的可實踐性與實現可能。如此一來，成就目的的準確率，也就是在工作上創造成果的準確率，當然也能跟著提升。

這裡就用前面學英文的例子來說明。其中一項目標是「聽：聽懂西洋影集中自然的英文」，但只要將西洋影集的字幕關掉，馬上就能知道這件事多麼困難。這時候，不妨把這項「大目標」再分解成「小目標」。比方說，分解成下列目標如何？

〔圖 3-3〕只要將大目標分解成小目標，就能看出達成的途徑

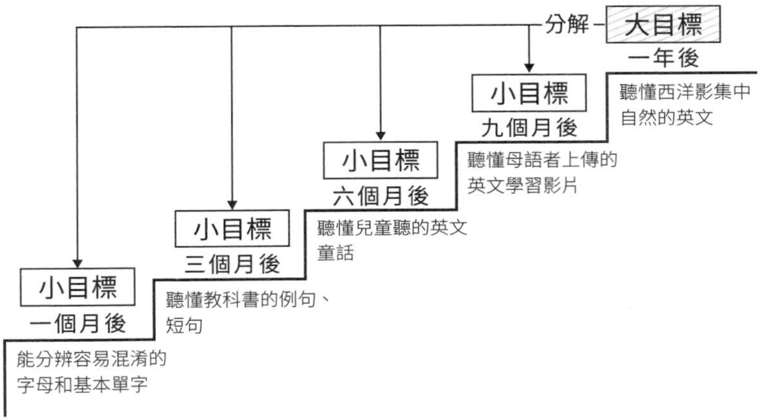

- 一年後：聽懂西洋影集中自然的英文（＝大目標）。
- 九個月後：聽懂母語者上傳的英文學習影片。
- 六個月後：聽懂兒童聽的英文童話。
- 三個月後：聽懂教科書的例句、短句。
- 一個月後：能分辨容易混淆的字母和基本單字。

讓我們看看圖3-3。這樣的話，應該就會給人「好像可以唷」的感覺吧？突然說要聽懂西洋影集，難度太高，但如果是聽出「light」和「right」的分別，感覺就有可能達成了。

即使是大目標，只要像這樣切分成小目標，就能將看起來十分遙遠的目標，一步一步牽引到自己的身邊。**在大目標變得束手無策之前，先思考能否將大目標分解成小目標處理**——這項原則一定能在未來我們要處理大問題時，為我們帶來勇氣。

將目的落實在「目標」中的實踐步驟

接下來，我會將設定目標的技巧，整理成實踐步驟。這裡，我會以第二章中制定的目的「提升業務生產力（每個業務員的銷售額）」為例，說明如何將此目的落實在目標中。

〔步驟一〕將目的分解成「組成要素」

設定目標的第一個步驟就是，把目的分解為組成要素。透過將結成一塊的目的分解，切分出達成目的所需的更具體的必要條件。這就是目標。

你的團隊的目的是「提升業務生產力」。然而，光有目的，很難看出具體該做些什麼。因此，**我們必須針對目的詢問：「該如何達成？」(How) 藉此將目的逐步分解成更具體的組成要素**。

第一步，我們可以對「提升業務生產力」(=營業額／業務員人數) 進行因數分解，將其分解成「提高銷售額」和「減少業務員」。但這樣仍缺乏具體性。因此，我們必須將分解出的要素再次分解。也就是使用「把困難分開解決」原則。

首先，例如「提升業務生產力」可分解成「提高每個客戶的銷售額」和「提高銷售客戶人數」。當然，也能分解成其他要素。此時，吉卜林方法 (Kipling Method) 是有效的切入視角，換言之，就是套入5W1H的項目中。在這個例子中我們已經做了「客戶」(Who) 項目的分解，此外還能用「產品」(What)、銷售地區 (Where)、銷售方式 (How) 來分解。

再做進一步的分解看看。「提高每個客戶的銷售額」可分解成「提高平均銷售單價」和「提高銷售產品數量」；「提高銷售客戶人數」則可分解成「提高拜訪客戶人數」和「提高業務勝率」。分解至此，應該已經相當具有實務手感了（順帶一提，我們管理顧問很愛用英文詞彙，像這樣抽取出的因數，我們稱為「Value Driver」〔價值驅動〕）。

從「提升業務生產力」切分出的「減少業務員」該如何解釋呢？從字面來看，會帶給人裁員的負面印象，進而產生破壞團隊團結的猜忌心。在這種情況下，不妨將其「置換」成「降低業務員比例」來解讀，這也是一個設定目標的有效方法。如此一來，可以想到的實務做法就包括：對現在的業務員進行組織內的職務調動（圖3-4）。

將前面的內容做個統整。以圖表來表示目標的話，我們可以用目的當作基準點，分解出組成要素，而形成金字塔圖形。此時我們需要留意的是，**必須從目的朝目標，自上而下分解，使目的和目標相互連貫**。有了這種連貫性，目標的達成才可能帶來目的的達成，在金字塔內形成一種成果的向上運動；若是將連貫性切斷，即使付出心力達成了目標，也無法對目的產生貢獻。這一點在「用最小的勞力創造最大的成果」上，有著十分關鍵性的作用。

〔圖 3-4〕透過分解目的的組成要素來找出目標

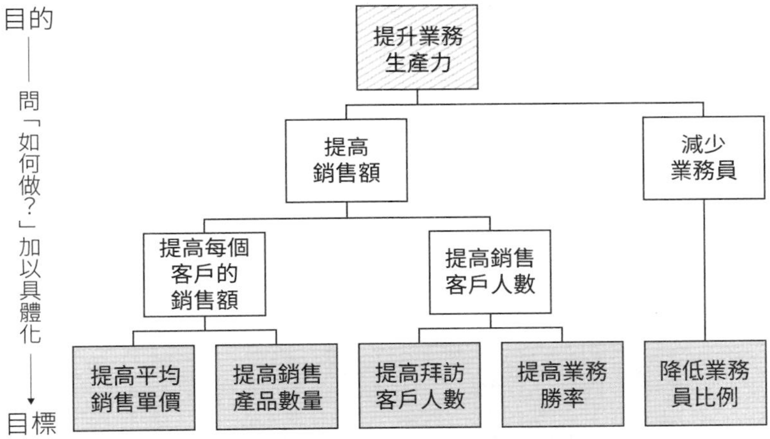

此外，這也正是所謂的KPI（Key Performance Indicator：關鍵績效指標）的設計。從目的切分出組成要素，就等同於分解KGI（Key Goal Indicators：關鍵目標指標），建立起KPI結構（指標樹〔KPI Tree〕）。如果被要求「為你的工作的KPI下個定義」，我們往往會不知所措，但把它看成「實際上要做的工作就只是細心地分解目的」，這麼一來就一點也不可怕了。

〔步驟二〕抽取出組成要素後，賦予目標水準和期限

分解出目的的組成要素後，下一步就是賦予該要素所要達成的水準。我們只要用以下兩種視角加以設定即可。

・要到達什麼程度的水準？（目標的高度）

・要到何時為止？（目標的期限）

讓我們用前面的例子來說明。從「平均銷售單價」來看，我們可以把「什麼程度」設定為「提高百分之十」，把「何時為止」設定為「一年之內」。這麼一來，針對「提升業務生產力」的目的，可以設定為「在一年之內將平均銷售單價提高百分之十」的目標。當然，我們也可以將「一年之內」的期間繼續細分，分成更小的目標。

這裡將目標的水準設為「百分之十」和「一年之內」，只是隨意選出的數字，

但實際設定目標時，該設定什麼水準是一個相當令人困擾的問題。我們該如何思考出適當的目標水準呢？

基本最該掌握的是，**必須細心地整合團隊成員「希望自己變成怎樣」的意願，和領導者「希望團隊成為怎樣」的意志**。光是領導者單方面提出目標，團隊成員就會有被強迫的感覺。相反地，任由團隊成員自己設定目標，就有可能流於安逸。整合領導者與團隊成員希望達成的水準，是讓你所設定的目標，賦予整體團隊活力的要訣。

此時，身為第一線領導者的你，必須確實掌握你所設定的目標水準對團隊而言有多「辛苦」。在判斷你設定的目標強度是否合宜時，不妨使用以下三項觀點來檢視（圖3-5）：

①**舒適**(Comfort)：**團隊目前能在毫不勉強的情況下達成的水準。**

②**伸展**(Stretch)：**雖然需要團隊的成長與新能力的構築，但不是不可能達成的水準。**

③**恐慌**(Panic)：**有可能讓團隊陷入混亂的過高水準。**

〔圖 3-5〕目標的水準該定在哪裡？

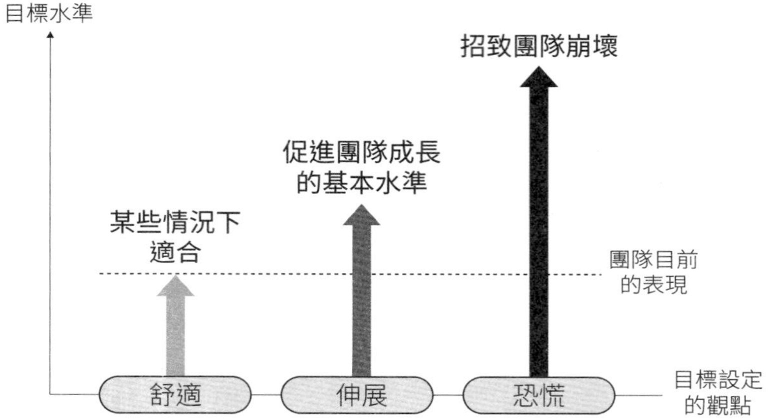

目標設在一個恰當的高水準，能促使團隊成長。從這個角度來看，最好將目標水準設定在「伸展」的範圍中。另一方面，從經濟環境變化、勞動方式改革（譯註：日本二〇一九年起開始實施勞動方式改革關聯法，其中為解決長時間勞動、過勞等問題，而對加班時間提出限制）等的背景來看，設定在「舒適」的水準，也是可考慮的選項。只要企圖明確，即使降低目標水準，也不見得都是壞事。

設定目標水準時的明確錯誤，就是目標設定在「恐慌」水準上。過高的水準不僅會讓團隊的表現變差，甚至會讓團隊的編制本身發生崩壞。比方說，因為過度勉強成員而導致成員身體出問題，或者成員對工作無法產生共鳴而越來越多人離職。這是身為領導者絕對要避免發生的事，所以平時必須注意成員們對目標的工作狀況。

光是你所設定的目標數值，就會大大影響團隊的表現、內在動機，以及健全度(Healthiness)。正因為團隊是在為我們朝著目標努力，所以我們更要理解到目標對團隊的影響之大，並在設定時十分小心謹慎。

〔步驟三〕以「SMART」的觀點詳細檢查目標

當我們宣布目標後，團隊就會開始朝目標前進。由於目標偏離了我們想達到的成果的話，就會造成白費力氣，所以事前詳細檢查我們已設定好的目標是否合宜，絕對不是一件多餘的事。此時，只要從以下五種觀點來確認即可：

①Specific‧‧**是否具體？**

②Measurable‧‧**是否可以測量？**

〔圖 3-6〕用 SMART 觀點檢視目標是否合宜

Specific	「是否具體？」
Measurable	「是否可以測量？」
Achievable	「是否可以達成？」
Relevant	「是否能與目的整合？」
Time-bound	「期限是否明確？」

③ Achievable‥**是否可以達成？**
④ Relevant‥**是否能與目的整合？**
⑤ Time-bound‥**期限是否明確？**

這在設定目標上稱為SMART原則（圖3-6），是取這五個單字的首字母而來。以下分別補充說明。

首先是**「① Specific‥是否具體」**。

目標是將目的以實務工作可處理的程度加以具體化。因為目的的抽象度往往偏高，目標就是為了彌補此點而存在，如果目標不具體的話，就會失去其意義。正因如此，目標必須夠具體，讓人能想像得出實務工作上該如何採取行動。

其次是**「②Measurable：是否可以測量」**。這是指目標的到達程度，是否能用數字等的基準加以測量。目標可以測量的話，就能明確看出進度，例如：有多接近目標、前進方向是否順利、還剩多遠的距離等等。如此一來，工作者也會因為看得到自己正逐漸達成目標，而產生更高的內在動機，在經營管理上，這也讓我們能朝著達成目標做出必要的修正。

要知道目標是否可測量，可藉由以下的問題來確認。

- **目標的數值是什麼程度？（定量性的水準值）**
- **滿足什麼條件才能稱得上是達成目標？（定質性的條件）**

在難以數值化的情況下，也能透過設下「定質性的條件」，來讓目標變得可以測量。比方說，目標是「提升寫報告的技巧」，對此只要設定「是否能自行制定出報告的故事架構」、「上級的意見與修正是否都反映在自己撰寫的報告中了」等條件，就能讓難以定量化的目標變得可以測量。

「③ Achievable：是否可以達成」又是什麼呢？目標當然應該讓從事的人的能力得到伸展。不過，目標若是與手邊的資源（工時、資金、時間等）或能力差距太大，團隊就會因為感到不可能達成，而削弱內在動機。在沒有合理的根據下，設定不可能達成的目標，只是在浪費經營資源而已。

關於**「④ Relevant：是否能與目的整合」**，前面已經再三強調過，應該就無須重複了。目標和目的若不能相互連貫，就毫無意義。為了「學會在海中自由自在地游泳」，而努力「在三個月內把兩千個英文單字背起來」，這是毫無關聯的。

最後是**「⑤ Time-bound：期限是否明確」**。反過來說，就是不要讓目標的期限曖昧不明。處理一個沒有期限的目標，只會讓人變得懶散，最後目標本身都會變得虎頭蛇尾。要避免這樣的狀況，就要為目標訂出明確的期限，並恰當地分配資源、給予團隊適宜的活動。

自己設定的目標要全數通過這個五個項目，絕非易事。但負責訂目標、帶領第一線的領導者，必須時時刻刻都能從這個視角去觀察。希望我們都能擁有這種銳利的眼光，追求設定出對自己、對團隊而言的最佳目標。

案例解方

那麼，我們就用本章所介紹的設定目標的方法，思考看看一開始的案例。

為了在三個月內提高新客戶獲得數，該如何為山田設定目標？

首先，這次的大目標是「三個月內獲得新客戶訂單十五件以上」。這是山田第一次從事新客戶的業務，所以接下來我們必須思考「如何做」(How)，切分出較小的目標組成要素。

要如何切分出「提高新客戶獲得數」的組成要素，我們可以從地區分類、商品分類、業界分類等各種角度思考。這次通用性最高的方法，是從「銷售流程」(Sales Pipeline) 來思考。銷售流程是指，根據業務的階段（業務過程），階段性地挑選顧客，最終得到客戶下單的思考方式。這次我們就簡單地將銷售流程分成以下三個階段。

①有望客戶：製造與客戶的接觸點，試探可否進行商談的階段（也稱為「商機」〔Lead〕）。

②商談案件：與客戶進入商談，並開始進行提案的階段（也稱為「機會」〔Opportunity〕）。

③接單案件：訂立契約，訂單成立的階段。

只要像這樣訂定銷售流程，就能根據這些項目，切分出「提高新客戶獲得數」的組成要素。我們從圖3-7就會知道，要增加新客戶，只要提高「有望客戶數」、「商談率」、「接單率」即可。這三個要素是設定具體目標值的項目。

接著，進入設定目標的下個階段。將目標分解成組成要素後，接著就是賦予這些要素具體的目標水準和期限。比方說，設定在三個月內達到「有望客戶數兩百人」、「商談率百分之五十」、「接單率百分之十五」的目標值，就能滿足「獲得新客戶訂單十五件以上」的大目標了。

〔圖 3-7〕切分出業務目標的組成要素，並各自對應到銷售流程

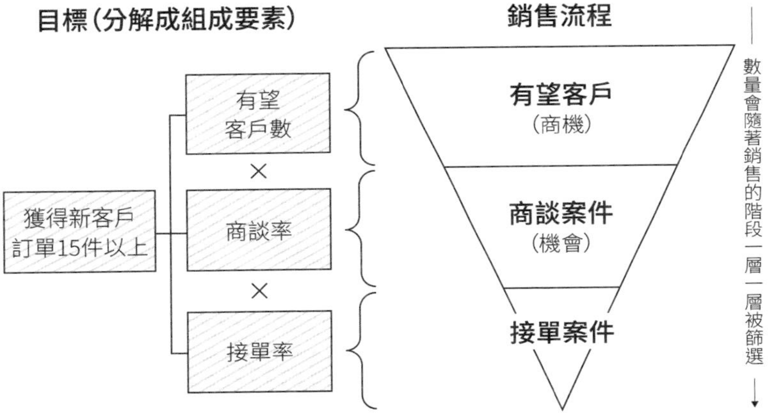

但是對山田而言，這是他第一次展開新客戶業務，我們不能從一開始就將過大的目標一整個放在他身上，讓他因此被壓垮。因此，我們就試著用期間和水準值切分目標，設定出「小目標」。

這時該事先考慮的是，為階段的劃分賦予意義。比方說，將三個月的期間以一個月為單位切分，為每個月設定以下階段，並賦予意義，這麼一來也能讓山田建立起向目標邁進的心態。

・第一個月：草創期……做好開拓新客戶所需的準備，讓自己開始熟悉業務。

・第二個月：改善期……回顧第一個月的活動，改善業務活動。

〔圖 3-8〕賦予分解目標意義，就能產生內在動機

獲得新客戶訂單15件以上		第1個月 草創期	第2個月 改善期	第3個月 定型期
	有望客戶數	100件	100件	100件
	× 商談率	40%	50%	60%
	× 接單率	5%	10%	15%
		小計2件	小計5件	小計9件
				總計16件

・第三個月：定型期……導入改善方案，讓自己習慣取得新客戶的業務活動。

只要細分出這樣的期間和階段，接下來就只剩設定出具體的目標值。圖3-8的數值列中，將有望客戶數的獲得設為固定數值，並根據階段逐步提高商談率和接單率的精密度。實際工作中的數值設定，則是要一邊整合領導者的意志與成員的意願，一邊做調整。

設定目標的最後步驟是，將設定好的目標套入SMART原則，確認妥當與否。進行到這一步，目標設定的工作就

已經十分完整了。

①Specific（是否具體）↓設定了「有望客戶數」、「商談率」、「接單率」三項具體項目。

②Measurable（是否可測量）↓根據小目標設定數值。

③Achievable（是否可達成）↓與山田商量並取得可能達成數值的共識。

④Relevant（是否可與目的整合）↓與「透過開發新客戶帶來成長」的目的整合。

⑤Time-bound（是否有期限）↓一個月設定一個目標。

只要設定出如此清晰的目標，就能以此為標的，朝著標的專注於「以何種方式達成」的方案上。比方說，針對「提高有望客戶數」可以想到的方案包括：「透過線上演講形成母體（Statistical Population）」、「與內勤業務合作」、「參加商業展覽招攬客戶」。瞄準的標靶越明確，越不會浪費射出去的箭，也能讓活動與成果產生直接的因果關係。

正因如此，過去曾是全美最強業務員，如今是世界首屈一指的勵志大師的吉格・金克拉（Zig Ziglar），曾說過：

A goal properly set is halfway reached.
（目標對了，就已經成功一半。）

設定目標對創造成果的影響就是如此之大。

將目標更具體化，就會成為「手段」，將我們帶向執行

以上就是將目的落實到目標上的技法。這裡讓我們再次回想一下本書最初介紹的三層金字塔，我們目前的所在地是哪裡？

我們從金字塔頂點的「目的」出發，現在已經下降至第二層的「目標」了。降低層級時的口號是「怎麼做？」從目的下降一層至目標，就能讓原本抽象的目

的，產生出可在實務中進行的手感。降低金字塔層級的行為，也可說是一種將工作具體化的過程。

那麼，如果我們對目前所在的「目標」層級，進一步詢問「怎麼做？」的話，會發生什麼事？此時，就必須採取「手段」以達成目標。

怎麼做才能達成目標呢？此時我們需要誰的協助？該如何做好事前準備？這些更加實際的內容，將會逐一被制定成實現「目標」的「手段」。當我們下降至第三層時，原本還只是「計劃」的「目的」和「目標」，也會進入「執行」的階段，而伴隨著更加具體的行動。

另一方面，「手段」的編成，並非一條直線通到底。在達成目標的路上，當然會遇到無數問題，妨礙我們達成目標。要從中發現真正該解決的問題，制定該優先執行的方案，並加以實踐，這絕非容易之事。在前線從事商務的人，對此應該都會有切身之感。對平日在工作中面對的複雜狀況，要找出「該做什麼、該怎麼做」，需要我們絞盡腦汁，才能找出應對的辦法。

因此，我們要學會更進一步的技法，才能選定「手段」。關於這些技法，就留到以下的篇章介紹。

第 4 章

創造成果的「手段」與放諸所有工作皆準的「五項基本行為」

制定目的，設定達成目的的目標，這是工作「計劃」的核心。
然而，工作需要「計劃」和「執行」的相伴相隨，才能化作成果。
這兩大主力中的另一大主力「執行」，該如何化為可能呢？那就要用到將「目的及目標」化為可能的「手段」。
倘若「策略」是實現想達成的樣貌的路徑，那麼達成「目的及目標」的「手段」，即為策略之核心。如此重要的「手段」該如何策劃？關於這個問題，就讓我們從這章開始談起。

案例研究

拯救經營不善的熟識小吃店

住處附近有一間自己常去的小吃店，最近業績很不理想。因為長年前去消費而與老闆成為老相識的你，很想要為老闆做些什麼。在你的關心下，老闆回答道：

「這間店已經開了二十四年，常客逐漸離開，最近客人越來越少。我也有想過要把店收起來。但熟客們都在為我加油，關門大吉的話，好像是在背叛這些長年照顧我的客人，我實在於心不安。所以，我想再努力撐撐看。只不過，到底要怎麼做才能重振低迷的業績啊……」

目的和目標雖然明確，但沒有抵達目的和目標的具體「手段」的話，也不會有成果。

對於困擾老闆的「重振業績」一事，希望你能提出建言，告訴他「具體該如何做」的「手段」。如果是你，你會怎麼說？

「手段」就是填補「目的」和「現狀」之間的落差

到目前為止，我們探索了目的、目標的意義及技巧。現在就要邁入三層金字塔的最後一個層級了。那就是達成目的和目標的「手段」。

那麼，最後一個層級所代表的「手段」究竟是什麼？

為了掌握其意義的核心，我們必須再次回憶倒序推演思維的做法。

倒序推演思維就是，先設定「目的」作為希望未來到達的目的地，再找出「目的」和「現狀」之間的落差，最後用倒推的方式，推演出填補落差的方案。這就意味著「達成目的」，等同於「填補目的與現狀之間的落差」。而**填補「目的」和「現狀」之間的落差，將理想樣貌的實現化為可能，恰恰就是所謂的「手段」**（圖4-1。在這裡，可以把「目的」解讀成「目標」。看出理想狀態和現狀之間的差距，是十分重要的事）。

〔圖 4-1〕「手段」是用來填補目的與現狀之間的落差

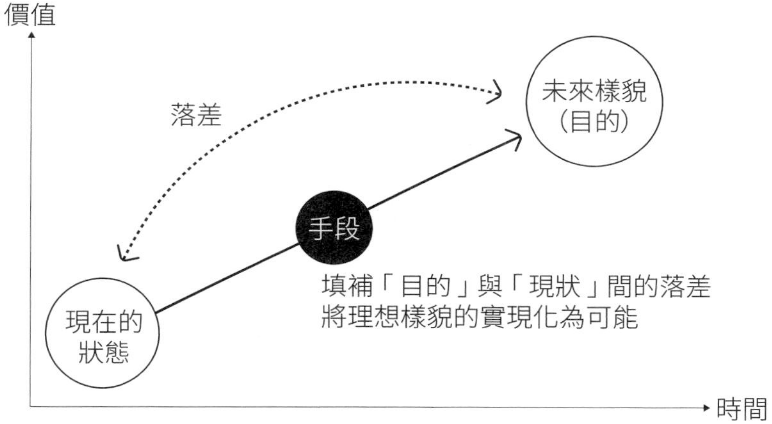

按照這樣的解釋，我們就能找到如何思考「手段」的線索。

如果「手段」是填補落差的方法，那我們首先必須掌握的就是，「目的」和「現狀」之間存在什麼樣的落差。換句話說，挖掘出「妨礙目的達成的問題」為何，是建構手段的第一步。

但光是挖掘出「問題」，並無法成為「手段」。帶領我們解決「問題」的是「執行方案」，唯有找出「執行方案」才能形成「手段」。只要將如何「執行」方案的活動梗概寫出來，就算是十分完整的「手段」了。

換言之，我們就是要透過指出「問題」，決定「執行方案」，並連結到「執行活動」來建構「手段」。將這些「手段」綜合起來，編織成一個達成目的及目標的故事，就會形成「策略」（＝實現目的及目標的途徑）。

因此，接下來我們要思考「手段」時，就等於是在構思「策略」。「手段」的好壞會決定能否達成目標，以及最終能否完成目的。無論設定的目的再怎麼有遠見，無論為此訂定了多麼確切的目標，只要沒有實現的「手段」，就無法在現實中做出成果。正因如此，「手段」才會位於支撐整個金字塔的底盤。

要在工作上做出成果，有「五項基本行為」

那麼，我們該如何思考出「手段」呢？

關於這個問題，無論什麼時代、什麼地方、從事什麼工作，都有著一套根本不變的技巧。那就是**「五項基本行為」**（Five Fundamental Behaviors）：預測、認

〔圖4-2〕達成目的及目標的「手段」是透過五項基本行為推演而來

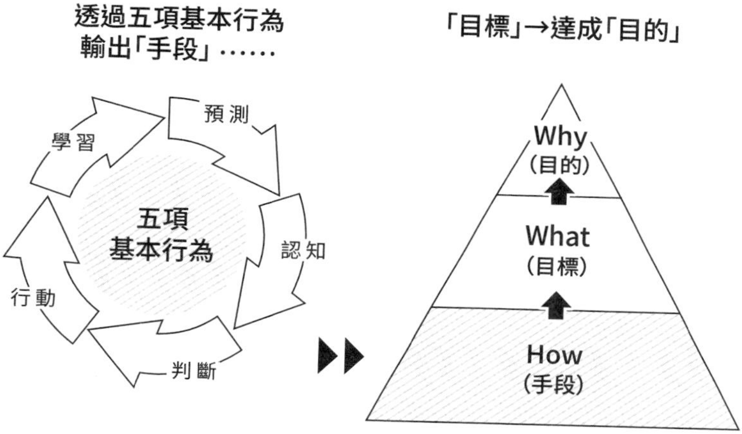

知、判斷、行動、學習（圖4-2）。

五項基本行為究竟是什麼？以開車作為例子，就能直覺性地加以理解了。

你在住宅區開車時，馬路上停著其他車子。這時，你會事先想到可能發生的危險，腦中浮現出「可能會有小朋友從車子另一頭飛奔出來」的念頭。像這樣事先推斷未來的潛在問題，就是**「預測」**。

然後你開著車，發現真的有小朋友從車子另一頭飛奔出來，你便認知到這是一項危險。像這樣在一個狀況中，指出必須處理的問題，就是**「認知」**。

面對這項危險，你可以採取的行動包含了多個選項，例如按喇叭、打方向盤、緊急踩煞車等等。像這樣思考應對問題的方法，決定執行方案，就是**「判斷」**。透過這樣的判斷，你實際上做出了「緊急踩煞車」的**「行動」**。

經歷過這一連串的經驗，你就會學習到一個心得：「有車子停在馬路上的狀況很危險」。下次面對相同的狀況時，你就能夠做出改善，像是「從更早就開始減速，並確認狀況」。過去上的一課，會讓我們未來解決問題時更加得心應手，這就是**「學習」**。

以開車為例的這些行為，套用到商務上，本質也是相同的。

「五項基本行為」——預測、認知、判斷、行動、學習——是幫助我們指出問題（現狀與理想狀態之間的落差），訂定解決方案，並加以執行的程序。從我們必須推演策略，以解決問題、實現理想狀態的角度來看，「五項基本行為」正是讓我們推演出「目的—目標—手段」結構中的「手段」的技巧。手段讓我們達成目標，達成目標讓我們成就目的。如此說來，這種產生向上運動的五項基本行為，可說是對成果創造有著重大影響的關鍵角色。

〔圖 4-3〕用來處理現在問題的「認知、判斷、行動」是基本行為的基礎

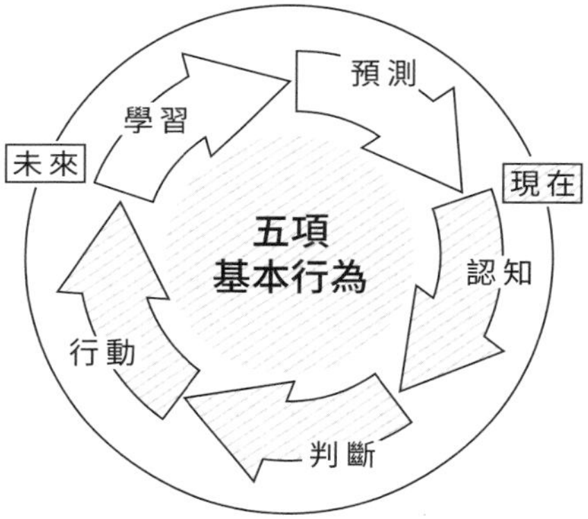

認知
找出達成目標
所該解決的問題

判斷
思考處理方案，
決定應該優先選擇
的執行方案

行動
將執行方案製作成更具體的「行動計劃」(Action Plan)讓團隊加以落實、實踐

基本行為中的基礎——「認知、判斷、行動」

讓我們更進一步了解一下，創造成果的關鍵角色，各自代表什麼意義。

五項基本行為，透過「現在」和「未來」這兩個視角來看，可分成兩大類。一類是用來處理現在問題的「認知、判斷、行動」；另一類是用來處理未來問題的「預測」和「學習」。

基本行為中，用來處理現實已發生問題的「認知、判斷、行動」是整體的基礎。即使能預測到會有小朋友飛奔而出，如果不能在飛奔出來的瞬間踩煞

車，那也沒有意義。因此，在學習這五項基本行為時，首先要先從「認知、判斷、行動」開始掌握。

那麼，「認知、判斷、行動」該如何實踐呢？

首先，**「認知」是指找出達成目標所該解決的問題**。換句話說，就是在比較目標與現狀的時候，找出哪裡存在著什麼樣的落差，以及其中需要優先填補的落差是什麼。我們也可以稱其為「辨認議題」。問題設定錯誤的話，達成目的及目標的應對方案就會變得不協調，而生出白費力氣的工作，無法對成果的創造產生貢獻。從這個角度來說，「認知」到什麼是能幫助我們創造成果的「正確」問題，就變得極為重要。

其次，**「判斷」是指決定用什麼執行方案來解決問題**。如果把解決問題單純化，看成是一種Q&A的話，那麼「判斷」就是針對「認知」階段提出的問題(Question)，決定出一個執行方案(Answer)。說得更具體一點，那就是針對解決問題，提出多個假說作為選項，設定決策的判斷準則，藉此決定何者是優先執行方案（要做的事）、何者是次後的選項（不做的事）。而這個過程將會為填補理想樣貌和現狀之間的落差的「手段」，指出一個方向。

最後，**「行動」是指將執行方案，製作成更具體的「行動計劃」(Action Plan)，讓團隊加以落實、實踐**。無論描繪出一個多麼幹練的解決問題的腳本，如果不能將其適當地向團隊傳達，並落實在現實的行動中，那現狀就不會產生任何改變，也不會創造出成果。正因如此，優秀的領導者必須在「行動」的階段小心謹慎，到最後關頭都不能掉以輕心。

依循「認知、判斷、行動」的流程，朝著目的及目標的達成，指出該解決的問題，抽絲剝繭地找出執行方案，並一一落實到現實的行動中。這一連串的行為，可以填補現狀與目標的落差，讓我們思考出幫助我們達成目的的「手段」。

讓我們更有效率地完成工作的「預測」與「學習」

現在讓我們來看看五項基本行為中的另一類，那就是能在將來的問題解決上產生助益的「預測」與「學習」。因為這是想對尚未檯面化的未來的問題做出因應，因此在用腦的方式上會變得難度更高，但「預測」與「學習」能讓我們以更少的勞力，換來更多的成果。

首先，**「預測」是指事先推測未來可能發生的潛在問題，防範於未然**。解決問題最有效的方法，是在發生前就將問題扼殺於無形。如果撞上從車子另一頭飛奔而出的小朋友，那就會招來悲慘的事態，像是被帶去警局問話、支付龐大的賠償費、在小朋友身上留下後遺症等等。但我們只要付出「在接近車子時減速」的小小努力，就能避免掉如此嚴重的事態。用小小的努力化解潛在的巨大問題，這就是預測的影響力。

另一項**「學習」則是指將經驗帶來的教訓，用在未來解決問題的時候**。如果解決問題是靠「預測、認知、判斷、行動」來執行，那麼「學習」就可以說是利用過去經驗當作槓桿，花小小的力氣讓基本行為的表現水準得到大大的提升。組織中經常會使用到「改善」、「意見回饋」、「善用知識」等說法，這些都與「學習」有關。「學習」能讓團隊能力持續提高，進而成長成一支更強大的團隊。於是就能應付更多樣化的問題，光是這樣就能讓創造成果的機會大大提升。

〔圖 4-4〕透過「預測」與「學習」更有效率地解決未來的問題

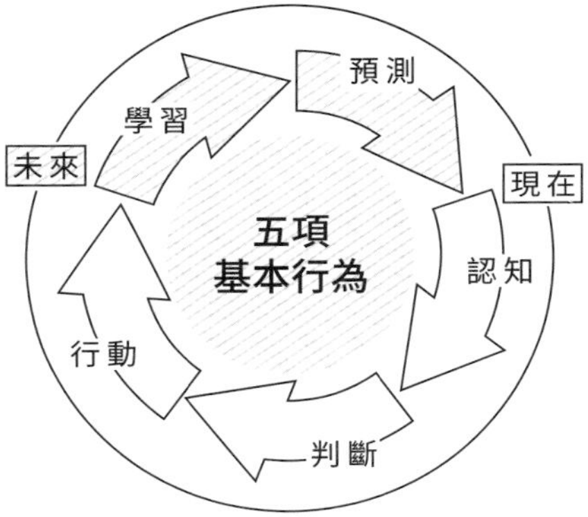

預測
事先推測未來可能發生的潛在問題，防範於未然

學習
將經驗帶來的教訓用在未來解決問題的時候

一邊以「認知、判斷、行動」為基礎，一邊加入辨識未來的「預測」，就能讓我們同時從「現在」和「未來」兩個方向攻克問題。若再加上「學習」的話，就能讓我們的未來進入一個不斷提升表現水準的良性循環中。將這五項基本行為循環使用的話，獲得理想成果所需的能力，一定會在我們身上出現飛躍性的提升（圖 4-4）。

任何工作都能使用的「五項基本行為」

預測、認知、判斷、行動、學習——從事這些行為不需要當事人擁有高超的才能。

〔圖 4-5〕五項基本行為是所有工作的基本共通原理

	預測 ➡	認知 ➡	判斷 ➡	行動 ➡	學習
企劃	事先推測出市場上的課題	指出自己公司應該處理的課題	決定解決課題的產品的大方向	為產品的上市做出努力	採納客戶反映改善產品
生產	預測將來的需求	掌握應該達成的生產量和QCD	決定生產方式和工程設計	根據計劃進行生產	持續改善生產力
業務	預設受拜訪之客戶的需要	實地檢驗應該處理的客戶需要	決定提案內容	向客戶提出方案	接受提案結果，回顧可改善之處

這些在工作上，其實是放諸四海皆準的共通基本行為。正因如此，切磋琢磨這五項能力，就等於是在鍛鍊提升工作上的「實力」。這跟快速過時的一時性的資訊、小聰明的「破解法」不一樣，這是創造成果的根本能力。

這五項基本行為無論在任何工作上都能廣泛地套用。這裡就以企劃、生產、業務三項機能（也就是所謂的「研發、生產、行銷」）為例，加以說明。

從圖4-5即能看出，無論是企劃、生產或業務，任何一項工作都會運用到「預測、認知、判斷、行動、學習」這五項基本行為。進一步來說，五項基本行為不只在企劃、生產的「功能等級」上發揮作用。在「業種等級」上，例如農業、醫療、教育等等，這些基本行為同樣能在根本上發揮作用。你不妨在你的業種的工作中，也試著將這五種基本行為加以運用。

五項基本行為無論在任何時代、任何場所、任何工作上，都是創造成果的普遍基礎。這是因為我們人類原本就是透過這樣的原則，在對事物進行理解、思考與行動的。因此，無論是什麼樣的工作，只要精進、提升這些基本行為，就能大大提升我們的表現。

工作不順是因為「基本行為」的某處出了問題

反過來說，工作表現無法提升，很可能是因為基本行為的某個地方沒有做好。此時，我們可以透過五項基本行為來進行自我檢查，發現自己工作上的瓶頸，並找出能改善之處。

舉個例子，假設你的業績一直無法提高。這時，你可以用五項基本行為的觀點，對自己進行檢查如下：

- **預測……「是否有在事前預估客戶的需求與性質？」「是否嚴重錯估？」**
- **認知……「是否有在商談中對客戶需求進行更深的挖掘？」「是否找出了重要需求並加以鎖定？」**
- **判斷……「是否徹底找出符合顧客需求的提案？」「是否有提出多個替代方案？」**
- **行動……「在進行提案的簡報時，是否有充分展現出提案的魅力？」「提出方案後的後續行動是否充分？」**
- **學習……「是否有找出成功案例、失敗案例的主要因素，並從下次加以運用？」**

在這樣的自我檢查後，如果發現「認知」的階段出現問題，比方說發現自己推銷時都是以商品為出發，「沒有向下挖掘出客戶的需求」，那你就能提出「事前準備好能挖掘出顧客需求的提問」的改善方案。如此一來，後續的「判斷」與「行動」也會跟著改變，最後一定會呈現出完全不同的工作成果。

五項基本行為（特別是作為核心的認知、判斷、行動）中若有任何一處沒有做好，都會在該處形成瓶頸，進而影響到整體工作的表現。因此，這五項基本行為一項也不能輕忽怠慢，因為它們就是整體的基礎，所以才叫「基本行為」。

要讓基本行為得到提升，就要掌握關鍵性的「目的」

那麼，我們該怎麼做才能讓這些基本行為的表現得以提升？引發槓桿作用，創造以小搏大效果的支撐點，就在於「目的」。

假設五項基本行為偏離了原本的目的，這麼一來，我們就無法從目的的偏離來正確衡量現狀與目的的落差，而無法「認知」到適切的問題。若在缺少目的的情況下，設定了錯誤的問題，那麼我們推演出的解決方案就會偏離成果的創造，我們也無法對解決方案的正確與否做出「判斷」。在這樣的判斷下，就會產生白費功夫的「行動」，最後付出了勞力也無法帶來成果。

「預測」與「學習」也是如此。未來的目的地不明確的話，我們就無從「預測」途中存在什麼樣的潛在問題。此外，不理解「做這項工作是為了什麼」的話，在這項工作上得到的經驗，就無法運用在新的工作上。

光是偏離了目的，就會讓基本行為都失去作用。**反過來說，這就意味著，只要掌握了目的這一項關鍵，就能讓自己有更好的表現。**

正確掌握目的，我們就能以目的為基準，正確地「認知」現狀與目的間的落差，進而跳過多餘的問題，專注解決該解決的問題。再者，明確知道該達成什麼事的話，就能迅速「判斷」該以什麼方式應對。有了正確的「認知」和「判斷」，我們才能採取直接通往成果的「行動」。

另外，該達成、該遵守的目的明確的話，我們就能「預測」出什麼會成為「威脅」。關於「學習」也是如此，理解目的的話，我們就有可能將經驗中習得的教訓應用在其他工作上（圖4-6）。

〔圖 4-6〕「目的」是提升五項基本行為須掌握的關鍵

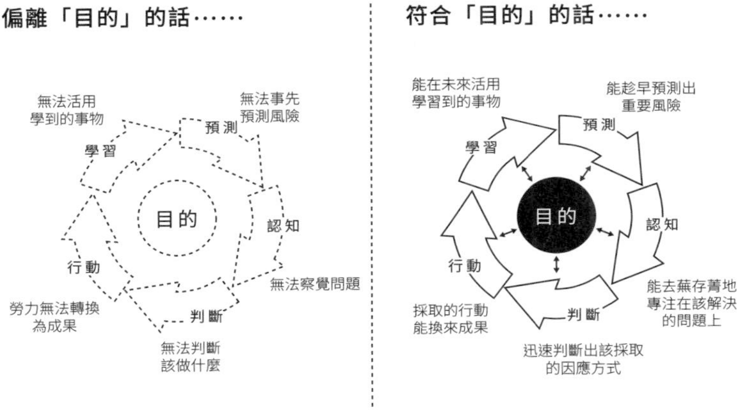

由此可知，工作表現必須以目的為軸心，才能進行改善。工作要「以目的為準」。反之，當目的還不明朗時，絕對不要一股腦地投入工作中。因為在這種情況下，我們所完成的工作不會帶來成果，只會浪費我們寶貴的時間和精力。因此，別忘了時時刻刻都要回到目的上思考。

學習「五項基本行為」要視其為「套路」而非框架

這裡有一件特別想提醒的事——五項基本行為並非管理顧問最愛使用的各種「框架」(framework)之一。基本行為不是放在頭腦中理解的，而是要在實務經驗中屢仆屢起，進而學會的習慣。因此，我想要將這些基本行為稱為**思考與行動的「套路」**。這裡就進一步探索一下「套路」的含意。

「套路」究竟是什麼？我們常說「那個人滿滿都是套路」，從這句話來看，你可能會覺得套路是一種一成不變又不道德的東西。但實際上，在提升自我表現上，套路的威力難以估量。

這裡就參考齋藤孝老師的著作《找回身體的感覺》（原書名：身体感覚を取り戻す，NHK BOOKS 出版）來說明此事。齋藤老師對套路的定義如下：

> 所謂套路是從一個達到極高水準表現的人身上，萃取其表現而成之精華。有些套路可以直接當成現實中的行動加以運用，也有些套路是為了提升我們在現實中的做法而拿來當成練習的對象。套路是萃取重要的基礎而成的精華，因此反覆練習套路，能讓我們自然而然地習得基礎。
>
> （齋藤孝，《找回身體的感覺》，NHK BOOKS 出版）

套路是熟練者萃取自身的理想動作，將其整理成一套形式。換言之，套路是將熟練者才擁有的表現，精簡成一套任何人都能學會的普遍形式。因此，只要反覆練習套路，任何人都能從中習得熟練者的智慧與身體知識（Bodily Knowledge）。

重要的是，在將所有的表現萃取成一套套路的過程中，需要經過無數的取捨。決定套路中的一個動作，背後就要割捨掉成千上萬種可能的動作。通過大量的嘗試與鑽研，捨去多餘的部分，留下本質並加以精煉而成的形式，在獲得普遍性後，才會成為套路。拜這些熟練者所賜，其他人只要學習套路，就能省去多餘的勞力，從一開始就將力氣放在能夠提升能力的精髓上。

因此，**套路就是「選擇與集中」**。套路教導我們「應該把力氣花在哪裡」，使我們不用四處分散力量。使用套路的人就是因為知道哪裡是該花力氣的關鍵，才能快速進步，進而提升自我表現。這就是為什麼我們要將五項基本行為當作「套路」來加以熟悉的真正含意。

習得「套路」使其成為自身「技能」的五個階段

那麼，我們該如何習得「套路」呢？

為了理解這一點，讓我們先來看看當我們在學習某項技能的整體過程。對於一項新知識、新能力的學習，可以分為以下五個階段：

- **第一階段……根本不知道該技能的存在。**
- **第二階段……知道該技能的存在（但自己做不到）。**
- **第三階段……刻意去做就做得到。**
- **第四階段……不刻意做也做得到。**
- **第五階段……可以教導他人。**

讓我們用「騎腳踏車」這個簡單的例子來說明。

第一階段是根本不知道腳踏車的存在的狀態。既然不知道它的存在，當然什麼都辦不到。要學會一項技能前，要先知道對象是什麼，這是一切的出發點。

接下來的第二階段則是對於「腳踏車是自己騎上去踩著腳踏板就會前進的交通工具」一事「已經知道」的狀態。此時的狀態是，雖然知道，但還只是頭腦中的知識，實際一騎，身體跟不上想法，腳踏車會搖搖擺擺倒地的狀態。

實際騎上腳踏車，踏板踩著踩著就傾倒，傾倒後再扶起來重新騎，經過這樣的不斷反覆練習後，就會進入第三階段「刻意去做就做得到」的狀態。此時的狀態是，雖然騎起來搖搖晃晃，身體也很僵硬，但只要刻意去平衡腳踏車以及操縱龍頭，還是能夠讓腳踏車前進。

當我們來到第三階段時，就稱得上是「會騎腳踏車了」嗎？當然表面上是會騎腳踏車了，但在身體僵硬、需要花很大的力氣才能騎的狀態下，我們既無法安心地騎在道路上，也沒有餘裕去享受騎乘的樂趣。所以光是這樣，還稱不上是習得了「騎腳踏車」的能力。

從這種狀態開始，反覆練習個好幾天、好幾週，直到某個瞬間，身體將不再過度用力，自己將能抓住對的時機操縱龍頭、增減速度，能隨心所欲地騎乘腳踏車。這時就到達了第四階段「不刻意做也做得到」的狀態。唯有到達這個狀態，

〔圖 4-7〕將套路技巧化的五個階段

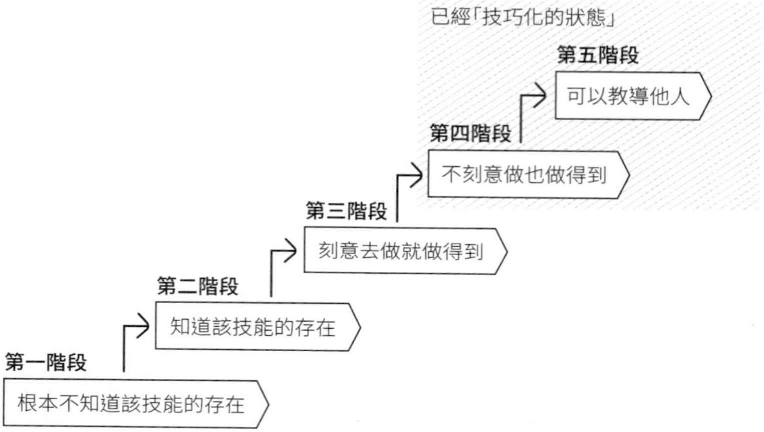

才能稱得上是獲得了「騎腳踏車」的能力。如果再繼續精進下去，總有一天就能「教導」別人如何騎腳踏車，這時就到達第五階段的狀態了。

把五項基本行為當成一套「套路」學習時，也會經歷如同上述的五個階段。光是知道是遠遠不足的。即使刻意去做就做得到，也不夠。

我們要達成的狀態是，平時在工作上，即使不刻意去做，也能自由自在地把「預測－認知－判斷－行動－學習」這五個基本行為，如同熟稔的技巧般施展出來，就像是毫不費力地騎腳踏車一般。齋藤老師提倡的關鍵概念「技巧化」一詞，就是指達到這種狀態，而這正是我們所該追求的理想狀態（圖4-7）。

我們要做的就是，從一開始在實務工作中笨手笨腳地反覆實踐，到最後將「套路」化為我們自身的「技巧」為止。

利用「套路」踏上「守破離」之路

學習「套路」時，首先就是要確實「遵守」其中的每一個動作，否則將難以到達「技巧化」的階段。若以籃球的投籃作為比喻，那就是最初必須注意手持球的方式、手肘的角度、膝蓋的動作、邁步的方式等等的每一個動作。反覆練習這些基本動作，並不斷地加以修正，最後才能在不假思索的狀態下自然地完成投籃。

本書將會如同教導「套路」般，詳細描述思考與行動上的每一個用腦方式與每一個動作。在你習慣之前，每次都要一個一個確認，也許會令你感到麻煩。即使如此，我仍執意要把具體「套路」寫出來，是為了讓讀者能自行刻意實踐出理想動作。一開始就沒有確實地遵守「套路」的話，思考的資源就會被多餘的事物占用，反而可能繞遠路，無法快速精進。

反覆練習「套路」，讓它變成自己的習慣，總有一天你不必刻意去想，也能自由地施展出這些「技巧」。當這些「技巧」也無法滿足你的時候，你就能「打破」套路，「離開」原本的形式，開創出自己獨有的風格。這就是所謂的「守破離」。專心致力於「套路」的練習，同時也是為了讓自己能夠踏上「守破離」之路。

案例解方

「手段」是為了填補目的、目標與現狀之間的落差而存在。無論描繪出了多麼遠大的未來樣貌，如果欠缺手段抵達該處，那就只不過是畫裡的一塊大餅而已。這裡讓我們透過案例，看看手段對目的和目標而言，有著什麼樣的意義。

這次的案例中，既有「目的」，也有「目標」。前者是重振經營不善的小吃店，不要讓那些曾經對該店照顧有加的客人們感到失望；後者是讓營業額起死回生。

即使如此，老闆依舊坐困愁城，這是因為即使有了目的和目標，只要缺少達成目的和目標的「實際上」的「手段」，就無法改變現狀。

所以接下來，我們就來思考達成目的和目標的手段。關於如何利用五項基本行為做出更系統性的思考，就留到下一章再談，這裡我們就針對目的和目標拋出「為了什麼」這個提問，藉此來具體釐清「手段究竟是什麼」。

當我們對「讓營業額起死回生」這個目標提問「怎麼做」以詢問手段時，首先可以從店內和店外的切入點，將營收來源大致分成兩類。

・增加店內營收

・增加店外營收

只不過，光是如此還是不知道具體該怎麼做。關於這兩個項目，我們可以再問一次「如何做」，以提高手段的「畫面解析度」。

・增加店內營收

〔圖 4-8〕手段挖掘得不夠深就無法產生實際的行動

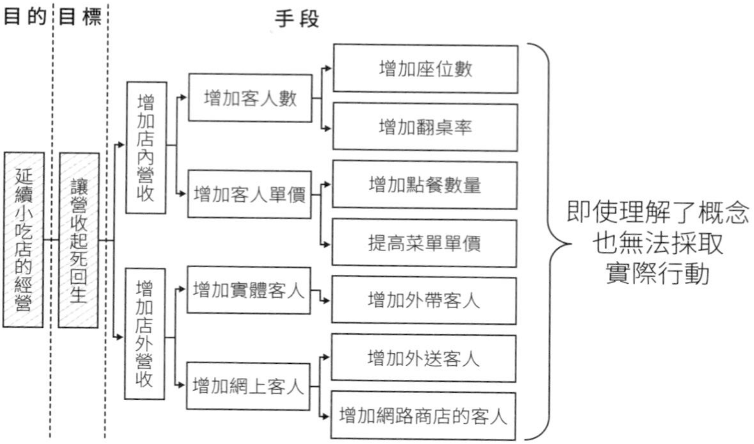

↓增加客人數
↓增加客人單價
・增加店外營收
↓增加實體客人
↓增加網上客人

具體性的確增加了，但老闆應該還是會問：「具體上該怎麼做？」因此，我們再繼續問「如何做」，讓手段變得更具體。此時，我們就能畫出目的—目標—手段的樹狀圖，如本頁所示。

乍看之下，這個樹狀圖已經完成了「目的—目標—手段」的連結。根據這個圖，你向老闆提議說：

「要不要增加座位數？」

「增加客人的點餐數量吧。」

「菜單單價不能再提高一些嗎？」

你向老闆提出重振營收的建議。只不過，老闆依舊是一副困擾的表情，支支吾吾地說不出話。

為什麼會這樣？這是因為「手段」不夠具體，還看不出「實際上」該採取什麼行動。這樣的話，策略就無法發揮它原本的功能，不能幫助我們從現狀實現理想樣貌了。

前面提出的「手段」，都只是用來指出一個抽象的「大方向」，只是存在腦中的概念而已。要讓手段變得可以執行，就需要落實成「具體方案」，使其可以化為現實中的行動。不思考到這種程度，小吃店的老闆就不知道該如何行動，你提出的建言也將形同虛設。

〔圖 4-9〕只有形成具體方案才能讓「手段」得以執行

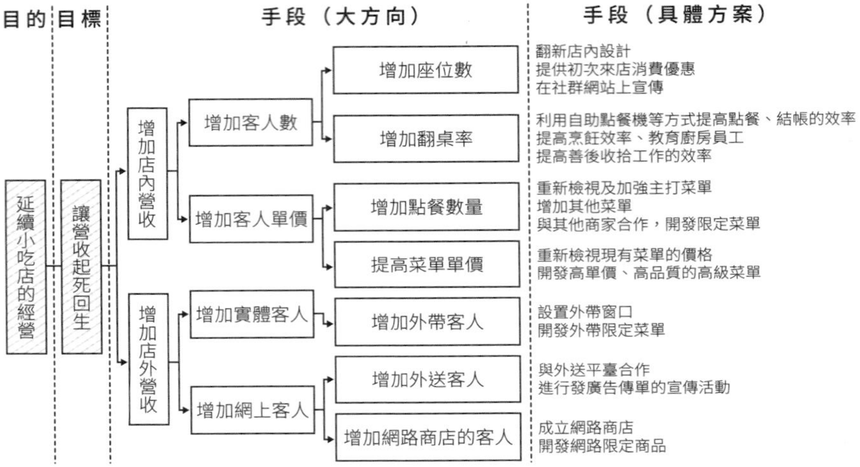

正因如此，接下來我們就要再更進一步思考「如何做」(How)。於是，我們就有可能為手段想出更具體的方案，如圖4-9。「目的－目標－手段」的結構也會更加牢固。

實際上要執行這些方案中的哪個方案，會取決於老闆如何評價以下問題：「哪個問題對這間小吃店來說更嚴重？」「要優先執行哪個方案？」這些關於「認知」與「判斷」的詳細內容，就留到下一章再說明，這裡我想強調的是，**不能只有目的和目標，一定要搭配上手段，才是通往目的和目標的保證。**

反過來說，少了真實可行的手段，就算目的和目標再怎麼優越，也只是在做白日夢而已。現實就是，你如果不具體化到這種程度，老闆就不會做出任何行動，現狀也不會有任何改變。

在探討策略的理論中，具體方案往往得不到重視，被大家用一句「無法一概而論」略過。的確，在欠缺目的和目標的狀態下談論手段，最後只會淪為對每一種論點的淺嚐即止，而看不見宏觀的全貌。

但歸根究柢，策略是指「從現狀到實現理想樣貌的途徑」，從這個本質來看，策略就是用來填補現狀與理想樣貌之間落差的一套大型「手段」。讓策略的理論停留在目的及目標的設定，而不去論述現實的手段，這只能說是本末倒置。

「手段」是策略的核心。我們的策略的獨特性，取決於擬訂好目的及目標後，我們準備了什麼樣的手段去實現。擬定策略不能只有設定目的和目標，還要鼓起勇氣去開拓手段。這就是本章案例要帶給我們的啟示。

追求成為一名策略型領導者，學會將「目的－目標－手段」說成生動的故事

「目的－目標－手段」一個也不能少，並且要能將三者連貫起來，一氣呵成地闡述出來。這是我們所要追求的理想樣貌。

策略就是讓我們從現狀到達理想狀態的一條途徑、一個故事。而「目的－目標－手段」就是敘述「為了什麼、以什麼為目標、用什麼方式抵達」的故事本身。能夠將三者連貫性地描述出來的領導者，就足以冠上「策略型領導者」之名。

「目的－目標－手段」中，若只講得出其中一項的話，會怎麼樣？

不管實現途徑，只會大談「目的」的話，就免不了被批評是不切實際的夢想家。不描繪出未來的理想樣貌，只顧著追求「目標」的話，那就成了一名監工。不知道方向，光是埋首於「手段」之中，那就成了作業員，而非領導者。這些都不是我們期待成為的領導者所該有的姿態。

〔圖 4-10〕能為「目的—目標—手段」說出生動故事的策略型領導者

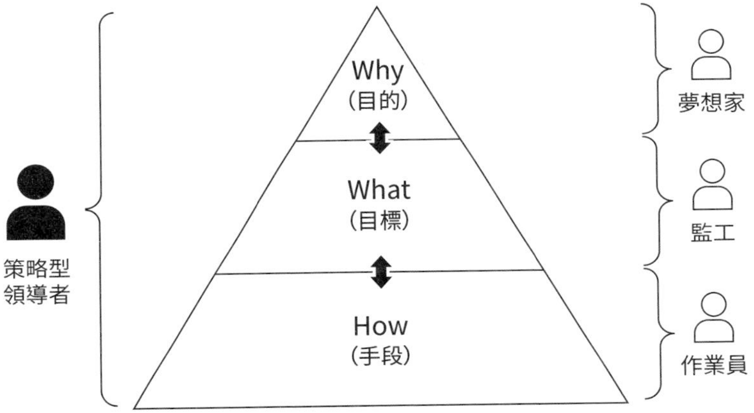

唯有「目的—目標—手段」連成一氣時，才能成就意義。不是在個別部分上鑽研，而是要描述出整條途徑。如此，「目的—目標—手段」就會化為一個「生動的故事」，激勵前線員工。我們要追求成為一名策略型領導者，學會說出這種生動的故事（圖 4-10）。

本章是對「五項基本行為」的概觀，在制定策略核心的「手段」時，這五項行為缺一不可。下一章起，我將針對「預測、認知、判斷、行動、學習」一項一項地深入講解，並提出更具有實踐性的技法。讓我們透過這些內容，將基本行為內化成自己的一部分，進而掌握做出成果的關鍵。

第 5 章

「認知」以最小努力獲得最大成果的「問題辨認法」

手段自提問而生。俗話說「需要為發明之母」，我們對問題答案的「需要」，就是孕育出手段的「母親」。而「認知」即為試圖看清該提出什麼問題的嘗試。

問題的設定，在選定出手段的過程中，位處最上游。設定出的問題不同，思考出的手段就不同，也會大大左右後續產生的工作成果。

對工作生產力有著決定性影響的「問題辨認法」，就是我們接下來要討論的主題。

案例研究

職場的生產力改善該從何處著手？

日本正處在一個「勞動方式改革」的時代。這一次，你的職場也開始推動勞動方式改革，而你受到提拔，成為勞動方式改革推動專案的領導者。

這次的勞動方式改革的目的是提升生產力。讓每個人產生的輸出(Output)提高，就是勞動方式改革所要達成的目標。在開始進行提升生產力的工作之前，你必須先找出妨礙職場生產力的問題在哪裡。該解決什麼樣的問題，才能提升職場生產力？要用什麼方式思考，才能找到該解決的問題？

創造成果的潛力，取決於「Right Issue」（正確議題）的設定

前面我們講解了制定目的、設定目標所需的思考方式。接下來，我們就要找出達成目的和目標所需的「手段」。此刻，我們腦中會浮現一個問題：「如何做才能達成目標？」

這個「提問」本身當然沒有錯，只不過「問題的設定方式」不好。這種不著邊際的提問方式，無法幫助我們找出能直接有效達成目標的特效「手段」。平庸的提問只能產生平庸的答案，優秀的答案是來自優秀的提問。正因如此，我們必須徹底講究我們所提出的「問題」。

「設定問題」在建立達成目標所需之手段的過程中，位於最上游。如果這裡就找錯問題，後續的解決方案和方案執行，也會環環相扣地錯下去。於是付出的勞力無法換來成果，變成白忙一場。

因此，在一頭栽進「手段」之前，我們有必要先停下腳步，好好思索一下該

解決的問題是什麼。被譽為天才的亞伯特．愛因斯坦（Albert Einstein）也說過一段告訴我們此事多麼至關重要的名言：

「如果給我一小時解決問題，而且那是足以改變人生的重大問題的話，我會花五十五分鐘去確認我是否問了正確的問題。」

為什麼要對問題的對錯如此講究？答案就藏在「正確的問題」這個說法中。因為解開「正確的問題」，就會直接換來成果；但解開的若是錯誤的問題，那就純粹只是時間、金錢、勞力，乃至人生的浪費而已。

「問題的設定」會直接左右工作的潛力，影響成果的生成。好問題是好手段的來源。如果設定好問題的能力會左右工作成果，那麼我們當然有必要好好學習設定問題的技法。為此，就讓我們先來深入理解，我們想要提出的「問題」究竟是關於什麼的問題。

「問題」就是理想樣貌與現狀之間的「落差」

「問題」究竟是什麼？關於這個問題，前面也數度聊過，這裡就明確地給它一個定義。

「問題」就是「落差」。什麼和什麼的落差？「現狀」和「目標」的落差。目的地與現在地之間的差距，就是所謂的「問題」。只有將目前狀態和理想狀態加以「比較」的時候，問題才會顯現出來。

比方說，經驗豐富的管理顧問對經營者進行訪談時，會接二連三地拋出許多問題，像是「為何要將營業額設定成經營指標？」「為何光一個經營企劃部門就要有這麼多員工？」「在這個時間點進行業務員強化的企圖是什麼？」「你們如何向開發部門反饋消費者的意見？」（圖 5-1）

到底是哪來這麼多問題可以問的？這是因為管理顧問腦中早已建構出企業的理想形象，並以該形象為基準，與客戶企業的現狀加以比較。透過比較發現落差，

〔圖 5-1〕「問題」會顯現在理想樣貌與現狀間的落差上

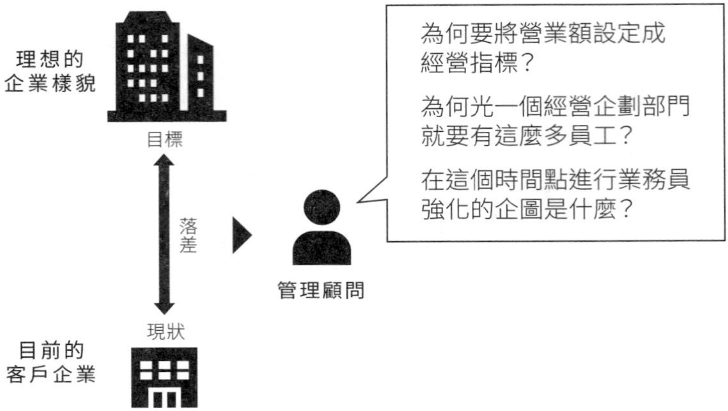
理想的
企業樣貌
目標
落差
現狀
目前的
客戶企業
管理顧問
為何要將營業額設定成經營指標？
為何光一個經營企劃部門就要有這麼多員工？
在這個時間點進行業務員強化的企圖是什麼？

進而得到「認知」。問題不是憑空出現，而是先有比較對象當作基準，透過比較才能找出來的。

「問題究竟是什麼？」這雖然是個直截了當的提問，但這個問題太摸不著邊際，難以帶領我們找到具體的解方。當我們想設定出一個好問題時，該問的問題是：**「現狀與目標之間有著怎麼樣的落差？」**為比較對象的目標建構起具體的形象，再將現狀與目標兩相比較，就能獲得線索，進而「認知」到問題。

「那件事為什麼是問題？」——沒有目標就無法察覺問題

反過來說，沒有「目標」當作現狀的比較對象，那就會連問題都無法設定。因為即使發現了貌似問題之處，也無法說明「為何那件事是問題」。以日常生活的例子而言，如果有一個人，他的目標是降至標準體重，當他說「吃太多是問題」時，這句話聽起來就很自然；但一個纖瘦又沒有健康問題的人，如果他也說「吃太多是問題」，就只會讓人反問：「這為什麼會是問題？」

換言之，**問題的來源是目標**。只要有適當的目標，就能拿它與現狀相比較，進而發現落差、設定問題。當目標越遠大而妥當時，我們就可以設定出越高難度、越能創造高價值的問題。因此，一個人在組織中位階越高，他所面對的問題難易度就越高，相對地，他對組織的影響力也越大。

反之，如果目標錯誤的話會怎麼樣？錯誤的目標就是，即使達成也不會幫助我們達成目的的目標。根據這種目標設定出的問題，即使解決也不會創造任何成果。如果你的目的是「開創一個成為主力的新事業」，你卻一心一意地致力於「將生產前線的生產力改善百分之五」的目標，那無論再怎麼努力，你也不會向目的靠近。

正因如此，這裡必須再度強調的是，設定問題時要問自己的不是：「問題是什麼？」設定問題時，首先該問自己的是：**「我們在朝著什麼理想邁進？」**以此為基準點，接著要問自己：**「理想未來與現狀之間的落差是什麼？」**這就是設定一個好問題時必須有的提問。

讓工作事半功倍的「問題的選擇與集中」

在這樣找出問題的過程中，我們是否需要將察覺到的問題，全部加以解決？企業經營資源的「人、物、財」以及時間，都是有限的，所以答案是否。

重點是要從眾多的問題中，「選擇」出該解決的問題，並「集中」資源解決那些問題。從經驗來看，「八二法則」也適用於問題的設定。假如全部有一百個問題，那麼其中只會有二十個是能左右最後成果的重要問題。與其從第一到第一百個問題一網打盡式地一一解決，不如辨別出哪二十個問題會直接影響工作成果，再集中力量處理這二十個問題，這麼一來，就能大幅提升每小時的成果量（＝生產力）。

因此，我們需要能辨認出哪些問題該解決的有效視角。正如選擇（Selection）也意味著淘汰（Natural Selection 也譯作「自然淘汰」），選出該解決的問題，同時也意味著刪除不需要的問題。**提升生產力的最大關鍵並非迅速敏捷地完成工作，而是如何省略多餘的問題，專注於解決該解決的問題。**這就是減少工作的同時還能提升成果的祕密。

那麼，只要從這種視角來辨認出問題就可以了嗎？

最重要的辨認視角是**「重量（影響力）」**。根據對目標的影響大小，挑選該解決的問題，比方說「因為這個問題對達成目標有決定性的影響，所以非處理不可」、「這個問題不會產生太大影響，似乎可以放到後面再處理」。如果解決了問題也無法對目標產生多大貢獻，那麼這個問題就不值得我們付出勞力。團隊試圖解決問題時，基本該有的思考方式就是，必須將資源集中在會左右目標達成的重要問題上。

無論面對什麼問題都全力以赴，這麼做聽起來很美好。但現實中，人力和時間都有限，如果一視同仁地將資源投入每一個問題中，就只是純粹在浪費資源而已。我們的人生是有限的，在細節上吹毛求疵並不是你的使命。你只要找出對目的和目標有直接影響的問題，再全力處理。

解決問題，本質上就是「因果關係的操作」

選出該優先的問題後，就已經完成對問題的「認知」了嗎？雖然此時我們會想立刻投入思考解決方案的步驟，但在這之前還有另一件事需要我們去「認知」，那就是**造成問題的原因是什麼**。

為什麼非得深入挖掘出問題的原因呢？簡單來說，因為解決問題的本質，就是一種「因果關係的操作」。

讓我們透過日常生活中的例子來理解其道理吧。

比方說，你有一個煩惱是「最近體重增加了」，那麼你該如何解決這個煩惱？讓我們試著把問題顛倒過來看。體重增加的話，那就減少體重。但光是如此，我們還是不知道具體該怎麼做。**沒有深入挖掘出原因，只是把問題「顛倒過來」，就不會知道具體該做什麼，所以就無法解決問題。**

那麼，為了確實採取行動，你提出「用做運動來減少體重」的方案。持續運動一陣子後，體重確實逐漸減少。但當自己鬆一口氣，不再運動後，體重又再次開始增加。這是為什麼呢？因為你沒有排除掉體重增加的原因。這件事告訴我們，**如果採取治標不治本的方法，忽視原因的話，問題就有可能再次發生**（圖5-2）。

既然如此，那就來思考看看，體重究竟為什麼增加。回顧最近這段時間，自己食量增加，三餐吃得多，酒也喝得多，甚至幾乎每天晚上都吃消夜。把「三餐食量的增加」看作問題的原因，並試著以「限制三餐食量」作為解決方案——但

〔圖 5-2〕「膚淺的解決方案」無法排除問題

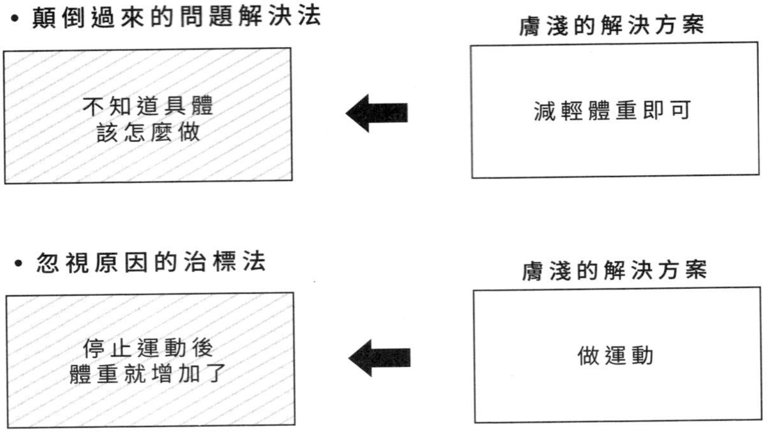

無論怎麼克制，都還是會忍不住多吃。結果忍耐不下去，又恢復暴飲暴食的生活。**如果原因挖掘得不夠深入，解決方案的效果也會不足。**

那就再針對「食量增加」這個原因，不屈不撓地繼續深入挖掘下去。仔細想想，最近你在公司升遷了，除了平常的固定職務外，自己還需要擔起團隊管理的工作。在前線為實務工作而奔走的同時，還要做著不熟悉的團隊管理工作，這對自己而言壓力頗大，每天大吃大喝似乎就是為了排解這種壓力。

「實務工作與管理業務都集中在自己身上」——這就是「體重增加」問題

〔圖 5-3〕操作導致問題發生的因果關係，是問題解決的本質

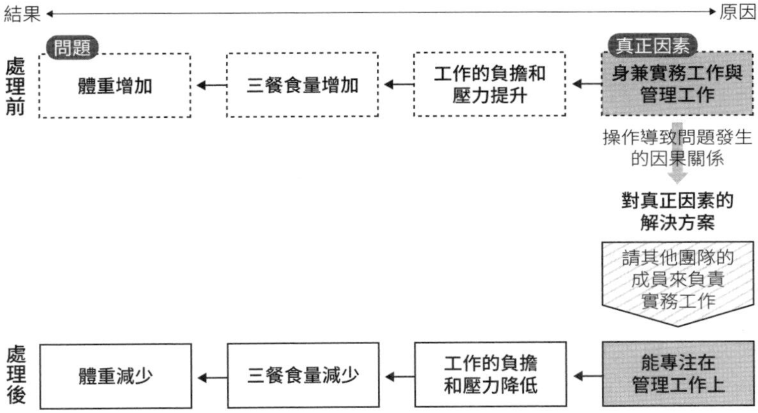

真正需要處理的原因（真正因素）。於是，你和主管商量，請他從其他團隊調成員來接手自己一部分的實務工作。你開始能專注在團隊管理的工作上，平日的壓力降低，三餐的食量自然也跟著減少了。最後，體重也逐漸回到原來的水準。像這樣操作導致問題發生的因果關係，才能把問題順利解決。

「體重增加」問題的解決方案竟然是「從其他團隊調成員來負責實務工作」，乍看之下十分出人意表，但這就是因果關係的操作（圖5-3）。

問題背後導致問題發生的因果關係，往往有著獨特的結構。**針對潛藏在因果關係結構中的真正因素做出處理的話，就能**

從根本改變導致問題的因果關係，進而將問題一勞永逸地解決。正因如此，問題的「認知」需要的就是，深入到挖掘出該原因為止。之所以說「深入挖掘原因很重要」，就是這個緣故。

「認知」的實踐步驟

接下來，就要來介紹辨認問題的技法，也就是「認知」的技法。可以從以下介紹的四個步驟開始實踐。這裡會繼續使用第3章的「提升業務生產力」的例子。透過這個例子來看設定問題，並使其與目的、目標相互連貫的流程。

〔步驟一〕掌握對目標而言的現狀

「你能不能做個現狀分析，讓我們找出問題？」

被如此要求時，你會有什麼反應？所謂的「現狀」可以包括：策略、組織結構、人員配置、工作設計、IT環境、制度設計等等，範圍太廣，加上數據包山包海，有營收方面、顧客方面、產品方面，多如繁星。所謂的「現狀」如果是含括全部的話，實在是太多太廣。如果你因為不知從何下手，而感到洩氣的話，也是在所難免。

只不過，我們想知道的並不是「整個企業的現狀」。我們是「為了什麼」而想掌握現狀的？是為了找出「該解決的問題」。還記得嗎？問題就是現狀與目標之間的落差，所以我們需要釐清的就是**「對目標而言，現狀是什麼樣子？」**因此，**所謂的掌握現狀，只要以目標為基準點來執行即可**。反過來說，地毯式搜索地調查出所有資訊，只不過是在浪費時間罷了。

讓我們透過例子來理解這件事。第3章裡，我們將「提升業務生產力」這個目的加以分解，找出了幾個目標。我們真正想要做的事情，是達成這些目標，因此必須將阻礙目標達成的問題加以排除。既然如此，那我們就得透過這些目標與現狀的比較，找出應該填補的落差。

〔圖 5-4〕以目標為準，掌握相對於目標的現狀

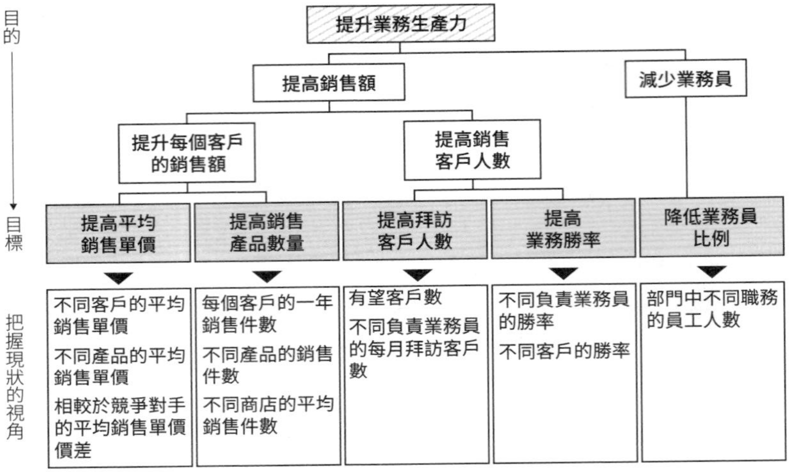

在實踐上，詳細找出讓我們掌握相對於目標的現狀的觀察點（調查項目），並依循這些觀察點分析整理即可。若以「提升業務生產力」為例，就能做出如圖5-4般的分析整理。

比方說，分解出的其中一個目標是「提高平均銷售單價」，對此就只要調查「現狀的平均銷售價格如何」（此處是從顧客類別、產品類別、與競爭對手比較的觀點，來掌握銷售單價）。若能像這樣明確選定出調查對象，就不會迷失在「掌握現狀的汪洋」之中。

〔圖 5-5〕以相對於目標的現狀落差設定問題

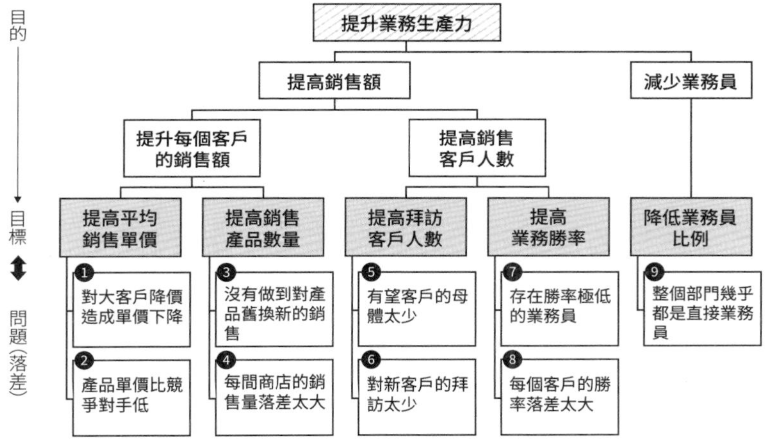

〔步驟二〕從目標與現狀的落差發現問題

只要掌握對目標而言的現狀就能發現目標與現狀的落差。落差就是該解決的問題（正確來說是候選問題）。沒有目標，就會失去丈量現狀的「量尺」，而無法看出哪裡是落差。**目標是尋找問題所需具備的前提條件。**

這裡讓我們透過具體例子來加深理解。步驟一中，我們是對關於「提升業務生產力」做了現狀的掌握。以掌握現狀的觀點為基準，進行分析後，就能從中找出落差，比方說圖5-5。

需要注意的是，這裡找出的問題，就是目標與現狀的落差。

例如，以「提高平均銷售單價」這個目標而言，則可能在現狀中發現以下兩種現象：

- **對大客戶的降價造成單價下降。**
- **產品單價比競爭對手低。**

相對於「希望提高平均銷售單價」有落差，也就是理想與現實有所不同時，就會表現在上述的情況中。**以目標為基準點找出了落差（＝問題）之後，才能透過填補落差來達成目標**，此處請牢記這樣的前後連結。即使解決了問題，只要問題與目標沒有連結，就無法對達成目的產生貢獻，也不會獲得工作成果。

再者，此處雖然列出了九個落差，也就是找到了九個問題，但理所當然地，設定問題時，會根據每家企業的實際情形而設定出不同的問題。正如我們每個人都各不相同，每家企業也擁有他們獨自的個性。因此，**問題沒有一套放諸四海皆準的答案，重點在於要找出「自己的企業『獨有』的問題」**。如果光只有「產品魅力不足」、「成本競爭力不足」等籠統的設定，就無法找出該解決的問題為何，也就無法進行根本性的改善。

〔步驟三〕鎖定「該優先處理的問題」——影響力×解決可能性的切入點

在步驟二中，我們發現了九個問題。理所當然地，因為經營資源有限，所以我們無法將其按照①～⑨號的順序，一個一個加以處理。重點是要進行「問題的選擇與集中」，也就是鎖定出其中該優先處理的問題。這就是省去多餘工作又能提高成果的工作祕訣。

那麼，我們該以什麼樣的思維進行「問題的選擇與集中」呢？

其中一個觀察點就是，前面所提到的**「重量」**，也就是「對達成目標的影響力有多大」。在掌握現狀上，也可將重量視為目標與現狀之間的落差大小。比方說，如果發現「對大客戶降價，造成單價平均下降了百分之五到七」，相對地，「產品單價與競爭對手相比少了百分之二十到三十」，那就能明顯看出後者作為一個問題來說，重量比前者「重」。

另一方面，在辨認該解決的問題為何時，還需要另一個觀察點，那就是問題的「解決可能性」，換言之就是**「這個問題是不是有可能解決」**。面對任何問題都不屈不撓，這雖然是一種美談，但問題越困難，需要投入的人、物、財、時間就越多，這就是商業上的現實。所謂的事業，就是試圖在「用更少的投入資源，創造更多的輸出」，所以在經營管理上，絕對不能忽視解決可能性，因為它將會決定經營資源的投入量。

比方說，即使想要解決「對大客戶降價」的問題，也可能會因為大量採買的以量制價或客戶長期合作的談判優勢，而使得解決可能性微乎其微。放棄難以解決的問題，減少團隊的無謂負擔，這也是領導者的職責所在。

讓我們把上述的「重量」與「解決可能性」，當作橫軸和縱軸，畫成一個矩陣，並將問題放入矩陣中看看。這麼一來，我們就能視覺性地掌握問題的整體樣貌，並合理地評估哪些問題是優先的，哪些問題是次後的。

〔圖 5-6〕用影響力×解決可能性，辨認出該優先的問題

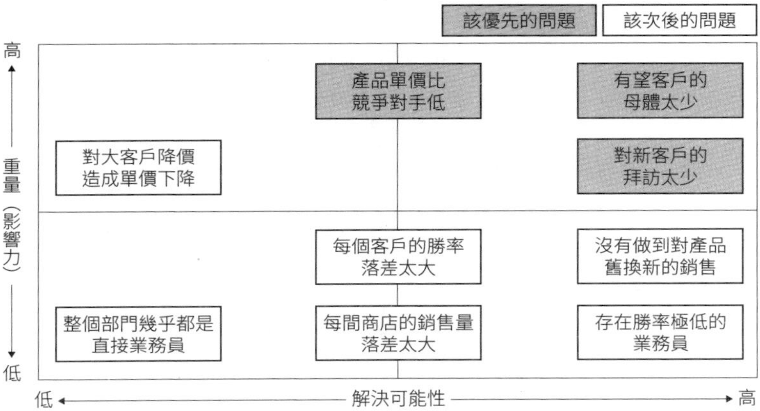

把具體例子中找出的九個候補問題，實際套入矩陣中看看（圖5-6）。此時，最有「重量」且「解決可能性」最高的問題，就會具有優先性。反之，解決後的影響力較小且難以解決的問題，就可延後處理。在此例中，可以將位在矩陣右上方的三個問題，鎖定為該優先解決的問題。

如果有餘裕處理所有問題，那就不需要策略了。懂得取捨，正是策略之所在。

〔步驟四〕深入挖掘原因，找出真正該解決的問題

我們在步驟三中找出了該優先處理的問題。為了將這些問題斬草除根，接下

來我們就來嘗試「操作因果關係」。為此，我們必須深入挖掘導致問題發生的原因，探索因果關係的結構。

那麼，我們該怎麼做才能深入挖掘出問題的原因呢？這時候就要從原因的**「廣度」**和**「深度」**這兩個觀察點去探索。

首先，什麼是從「廣度」的觀察點來掌握原因？這是指先不管原因本身是什麼，而是去問：**「原因在『哪裡』？」**（Where）**藉此大致掌握原因的所在之處**。比方說，感冒的時候，如果從「自己」（免疫力低下）、「他人」（身邊有人感冒）、「外在環境」（氣溫驟降）等切入點去尋找原因的所在，就可以大範圍地網羅所有可能的原因。

此時的重點是，越是處於開始深挖原因的上游階段，越要注意有沒有遺漏掉任何切入的觀點。因為如果是在樹狀圖的末端部分有所遺漏，那再怎麼說也只是末端而已，但如果是在靠近根部的地方忽略了什麼，那麼後續擴散的枝葉和果實，全都會被遺漏。漏掉了原因，就意味著漏掉了解決問題的機會，若從這個角度來看，那就一定要在原因分析的上游階段特別留心，別讓任何疏漏發生（圖5-7）。

〔圖 5-7〕疏漏越接近上游，越容易大大錯失解決問題的機會

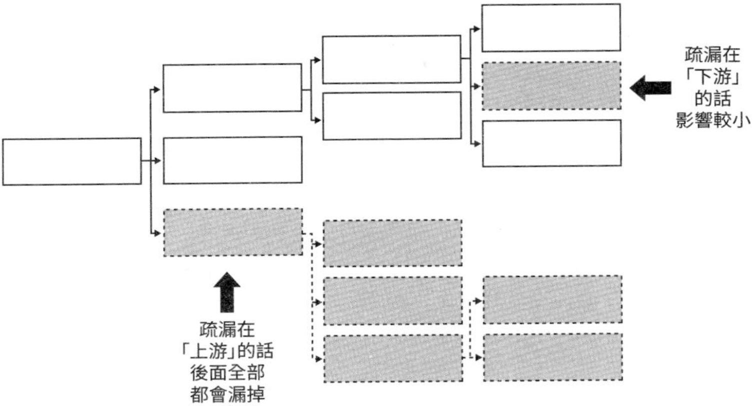
疏漏在
「下游」
的話
影響較小
疏漏在
「上游」的話
後面全部
都會漏掉

在防止疏漏的方法上，不妨嘗試看看流傳於坊間的各種框架（5W1H、3C、4P、PDCA、價值鏈等等），這是十分有效的做法。透過使用可信度高的切入視角，才能及早預防遺漏掉任何該處理的原因。

另一個用來鎖定原因的觀察點，是去掌握原因的「深度」。

這是指，**透過問自己「為什麼發生那種事？」(Why) 來深入挖掘問題，釐清造成問題的「真正因素」(根本原因)**。導致問題發生的真正因素，是操作因果關係時的目標對象，所以對真正因素提出解決方案，是解決問題的關鍵。

此時，對原因的深挖應該挖到何種地步？當我們反覆思考「為什麼、為什麼」時，似乎可以永無止盡地問下去。

我對此所開出的處方箋是——**深挖到你與團隊都能真正接受及心悅誠服為止**。

從我的經驗來看，當我們認真深挖原因時，最後一定會遇到某個瞬間，讓你發自內心覺得「這一定就是真正因素」。反之，如果只是感到「這大概是原因吧」的程度，那就表示你挖掘得還不夠深。要深入挖掘到參與者都能篤定地說：「這就是真正因素。」唯有保持這種追求真正因素的「求知欲」(Inquisitive Mind)，才能讓我們超越那些治標不治本的廉價技術，做出根本性的原因分析。

若以步驟三中找出的其中一個問題為例，透過「廣度」和「深度」的觀點深挖原因，就能建構出圖5-8。在這裡，關於「縱向的廣度」是使用傳統的3C（Customer：客戶、Company：公司、Competor：競爭對手）框架來分析，以確保能顧及到各個面向。以這些問題之所在為起點，繼續用「Why」向下「深入」挖掘出真正因素。一直深挖到在實務工作上能心悅誠服的地步，就表示你對問題已有足夠的「認知」了。

〔圖 5-8〕從「廣度」和「深度」兩個觀點掌握因果關係

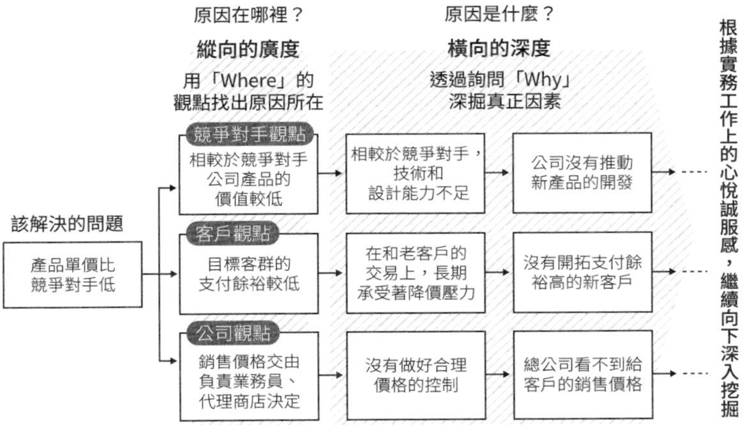
原因在哪裡？
縱向的廣度
用「Where」的
觀點找出原因所在
原因是什麼？
橫向的深度
透過詢問「Why」
深掘真正因素
該解決的問題
產品單價比
競爭對手低
競爭對手觀點
相較於競爭對手
公司產品的
價值較低
相較於競爭對手，
技術和
設計能力不足
公司沒有推動
新產品的開發
客戶觀點
目標客群的
支付餘裕較低
在和老客戶的
交易上，長期
承受著降價壓力
沒有開拓支付餘
裕高的新客戶
公司觀點
銷售價格交由
負責業務員、
代理商店決定
沒有做好合理
價格的控制
總公司看不到給
客戶的銷售價格
根據實務工作上的心悅誠服感，繼續向下深入挖掘

案例解方

現在，就讓我們根據本章所介紹的「認知」的思考方式，實踐這次的案例中對問題的辨認。

若想改善職場的生產力，我們該解決的問題是什麼？

重點在於，要把問題當成是現狀之於目的和目標的落差來設定。因此，我們不能劈頭就問：「問題是什麼？」第一步應該是先釐清「目標是什麼」，才能幫助我們辨認出問題。

所以，首先要做的是，設定勞動方

式改革的目標。這次的勞動方式改革，「目的」是提升生產力。換句話說，就是企圖使每一個人的輸出量都得到增加。以此作為起點，思考「如何做」，分解出具體的「目標」。然後，我們就能得到以下四個項目：

輸出量提升＝
①勞動時間增加×②有價值之時間的比例提高×③速度提升×④精密度提高

稍微解釋一下這道「提升生產力的公式」。

首先，增加輸出的第一項是「勞動時間增加」。勞動十小時當然比勞動八小時的輸出更多。但這次的主題是勞動方式改革，所以這一項不能當作目標。

第二項是「有價值之時間的比例提高」。即使一天有八小時的時間在勞動，也不表示這八小時都在做與成果有關的事。有時是上一項工程的資訊傳遞延誤，造成下一項工程乾等；有時是需要的數據找不到，耗費了更多時間；有時只是單純地發呆，八小時中總會有一定比例時間被浪費掉。減少浪費掉的時間，就是提高有價值之時間的比例。第二項所指的就是這個意思。

第三項是「速度的提升」。這項是指，在有價值的時間中，能完成多少工作量。如果有一個人一小時能製作一張投影片，另一個人一小時能做兩張，那麼後者的生產力就是前者的兩倍。

最後的第四項是「精密度提高」。即使能快速完成工作，也並不代表其內容一定與成果有因果聯繫。減少工作總量中的「不良品」，提高「連結到成果的輸出」的占比，就是提高精密度。

因此，我們可以找到以下三項「目標」：「有價值之時間的比例提高」、「速度提升」、「精密度提高」。接著就是以此作為「量尺」，思考「相對於目標，現狀是否有落差」，藉此找出問題。假設這次我們所掌握到的落差如圖5-9。

現狀距離目標的落差越大，就越是我們該解決的問題所在。在這個例子中，我們可以找出「工作精密度低落」就是問題所在。深入挖掘此處的原因，我們可能會發現該處理的問題有：「工作前，上級與作業員之間的溝通不足」、「沒有在工作的中途設置檢查點」、「作業員的工作知識不足」。

〔圖 5-9〕制定目標，從而掌握問題（＝目標與現狀的落差）

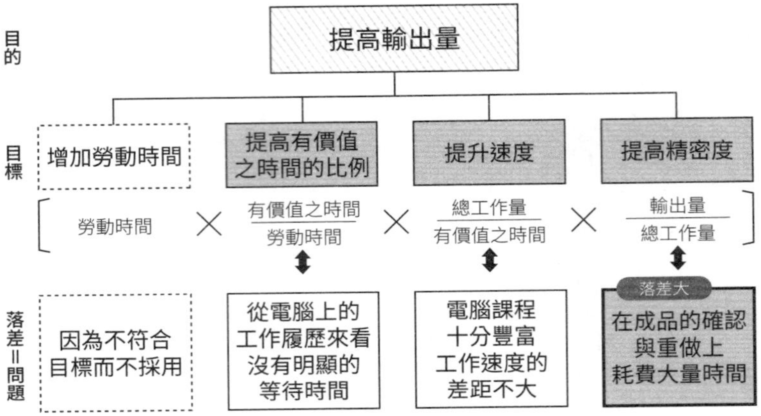

另一方面，如果沒有做好問題的辨認，就直接推出某個解決手段，如「在培訓中加強學習電腦操作上的快速鍵」、「辦公室在晚上七點後熄燈」、「原則上禁止員工將電腦帶回家」，這些手段在這個案例中也無法為提升生產力做出任何貢獻。想要創造成果，就必須處理「正確的問題」。容我再次提醒，無論你多麼努力解決一個問題，只要它是錯誤的問題，那也只是在白費力氣。

因果鏈——企業共通的因果關係俯瞰圖

找出現狀與目標的落差，視其為問題，深入挖掘其原因，進而找到真正該解決的問題——這就是我們到目前為止所探討的技法。理所當然的是，每個企業最後會發現的問題，肯定都是全然不同的，問題的背後一定也各有各的原因。

另一方面，不談個別情況，俯瞰性地環顧全局時，確實也存在著某種各事業共通、各組織共通的因果關係構圖。只要掌握這種構圖，就能迅速、一個不漏且不偏不倚地針對問題在哪裡，找出其原因。這就像是企業版的人體模型圖。

這種因果關係的構圖是什麼？

這種構圖大致可分為**「方針、執行、成果」**三層。以俯瞰性的角度而言，一個事業或組織是透過下列流程，從原因創造出結果：

- **先制定「方針」。**
- **再根據該方針，「執行」事業活動。**

・藉此創造出執行所得的「成果」。

而這套流程，稱為**「因果鏈」**(Causal Chain)，如圖5-10所示。

「成果」層的最上方是**「定質、定量的成果」**。所有企業活動，最終都是以實現企業目的、創造企業利潤為目標，所以企業活動最終抵達的終點就是「定質、定量的成果」。要創造這樣的成果，就要讓顧客使用公司的產品及服務，並從中感受到價值。所以**「為顧客提供價值」**就接續在成果之後。

第二層的「執行」層，是由**「組織及人力」**、**「工作及制度」**、**「IT及工具」**三要素組合而成。英文稱為「People, Process, Technology」(譯註：中文也譯為「人員、流程、技術」)。簡單來說，就是將「誰、做什麼、怎麼做」的執行方式，透過這三項要素全方位地加以網羅。而這項「執行」作為成因，所產生的結果就是「為顧客提供價值」。

第三層的「方針」層是左右執行的因素。方針層會賦予執行層「為了什麼做出那樣的行動」的理由，及「朝什麼大方向行動」的方向。

〔圖 5-10〕可藉由因果鏈「方針、執行、成果」的三階層，俯瞰創造成果的因果關係

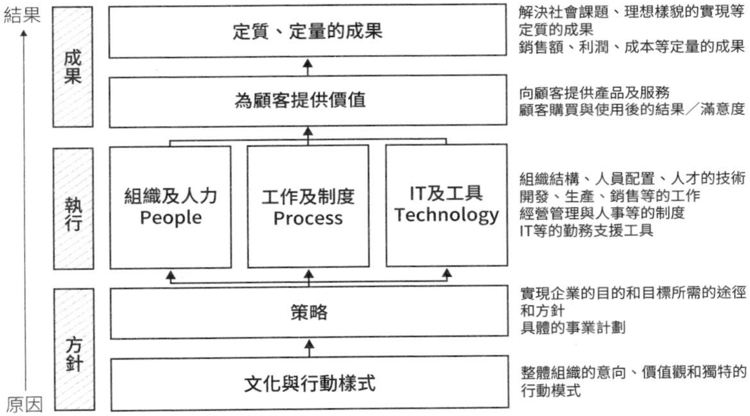

事實上，執行三要素的組合方式，是依附**「策略」**進行設計的。比方說，如果制定的方針是「運用數位技術，加速拓展海外市場」，那就會配合這個方針，成立面向海外市場的數位行銷軍團，設計出利用數位技術的未來工作內容，並導入相應的IT環境。策略說穿了只是一種「無形」的故事，要讓故事成為現實，就要同時具備「有形」的三要素——People, Process, Technology。

創造這種「策略」的來源，就是企業的**「文化和行動樣式」**。比方說，關於「薄利多銷」與「厚利少銷」哪一個比較好，這個問題並沒有正確答案。有些企業或許會希望讓更多人使用自家

的產品，反之，有些企業或許只想專注於滿足一部分的特定客群。

說來說去，組織成員「想要做什麼、覺得應該做什麼」的價值觀，其實就是制定出企業方向的真正因素。這就是為何著名的企業經營者們，要對自家公司的文化，投以最大的關注。

今後，當你為了掌握問題原因而苦時，請回想一下這個因果關係的構圖。當你因為問題太多，而感到頭昏眼花時，因果鏈將能成為顯示出因果關係的整體樣貌的地圖，幫助你找出問題。

辨認出「Right Issue」，「Right Process」（正確處理）自然隨之而來

到此為止，就是關於五項基本行為中，「認知」該解決的問題時，可以運用的技法。在本章結束前，請容我再次強調：我們對「Right Issue」（正確問題）的辨

認，是提升生產力的關鍵。

被譽為天才的愛因斯坦的思考祕訣就在於，先辨認出正確問題，再投入思考資源。當我們說「解決問題」時，比起「解決」，更多重量要放在「問題」上。**要有好的解決，就要對問題進行最嚴格的挑選**──這就是解決問題的弔詭之處。

而我們一般人，經常會在對自己正要回答的問題不清不楚的情況下，就開始埋首於解題的工作。有時，甚至會在工作的過程中，忘掉當初要回答的問題是什麼。實際開始工作、開始動手後，就會感覺自己正在踏實地推進工作。只不過，自己正在做的，是真正意義上的「工作」嗎？會不會「只是自以為有在工作」，實際卻是「沒在做任何能直接連結到成果的事情」？

有時只要設定出的問題正確，我們付出的勞力就會化為加倍的成果；反之，有時光是設定出的問題是錯誤的，就會使得一切的努力都化為烏有。問題的設定就是一項如此嚴酷的考驗。為了認清問題而耽誤了幾天的工作日程，這算不上什麼嚴重的事。真正致命的是，讓團隊傾注全力花了好幾週、甚至好幾個月去解決一個沒必要解決的問題。這種經營資源的浪費，才真的教人不忍卒睹。

因此，讓我們徹底執著於設定出一個「Right Issue」（正確問題）吧。只要能找出「Right Issue」，「Right Process」（正確處理）自然會隨之而來。

第 6 章

「判斷」
用最快速度達到最佳結論的「判斷方法」

前一章，我們談了辨認該解決的問題為何的技法——「認知」。領導者的任務就是透過解決問題產生價值，但如果只是像個評論家般只顧指出問題，不負責解決問題的話，當然沒辦法勝任領導工作。在團隊或組織中，向大家明確指出進攻問題的具體途徑，是身為帶領團隊或組織的領導者所需具備的能力。

這個時代，複雜性不斷升高，問題也變得越來越複雜。正因如此，當我們在這個時代的洪流裡做判斷時 ， 必須擁有一個不動搖的準則。接下來就讓我們來看看這種「判斷」的技法。

案例研究

為了減輕專案的繁忙而必須判斷的事

你是一名專案經理，現在負責的專案是推動公司業務能力的提升。這個專案是要重新檢視業務程序、業務員活動內容的現狀，並以提升業務活動的效率與勝率為目標。這個專案的人員編制是，除了你之外，你轄下有一名次要領導者和三名工作人員。專案期間為三個月，目標是用前半的一個半月掌握現狀，用後半的一個半月制定出改善方案。

專案開始進行了一個月，次要領導者井上來找你商量。他說：

「專案開始進行即將滿一個月了，但還有好多工作得做，我開始擔心能不能在期間內做完……我也有在做實務工作，但兩週後有一個中間報告，在之後就只剩下一個半月時間，從現在的狀態來看，我覺得我們的工作實在做不完……到底該怎麼辦才好？」

你過去也曾跟井上共事，你根據他當時的活躍表現，而提拔他當這次的次要領導者。雖然控制專案的繁忙程度，是專案經理理所當然的職責，但從你的角度來看，專案目前的負擔程度沒有到過於繁忙的地步。你更希望的是井上能靠自己的雙手克服困難，成為引領前線實務工作的中堅領導者。

面對這樣的狀況，為了要向井上提出建言，你會做出「該做什麼」的判斷？

判斷就是區分「要做的事」和「不做的事」

平日的工作中，團隊裡的成員會來詢問我們：「有一個〇〇的問題，該怎麼處理？」我們就需要做出「判斷」。又或是，自己有時也會請求上級做出判斷，例如詢問：「關於今後的做法，目前看得出來A和B兩個大方向可以選擇，我們應該選擇哪一個？」這種時候，團隊是在向我們尋求什麼？我們又是在向上級尋求什麼？

簡單來說，就是**區分「要做的事」和「不做的事」**（圖6-1）。無論是團員提出問題時，還是自己向上級提出問題時，需要的都是切分出「什麼事要做」、「什麼事不必做」。將「判斷」二字拆開來看，就是嘗試從無數可能的處理方式中做出「判」別，並一刀兩「斷」，將其切分成「要做的事」和「不做的事」。

將「要做的事」明確化，這在「判斷」中是「最低限度」的輸出。然而，經常可以看到的是，連這項最低限度都沒有達到的判斷（或說「類似判斷的東西」）。

〔圖 6-1〕「判斷」就是區分「要做的事」和「不做的事」

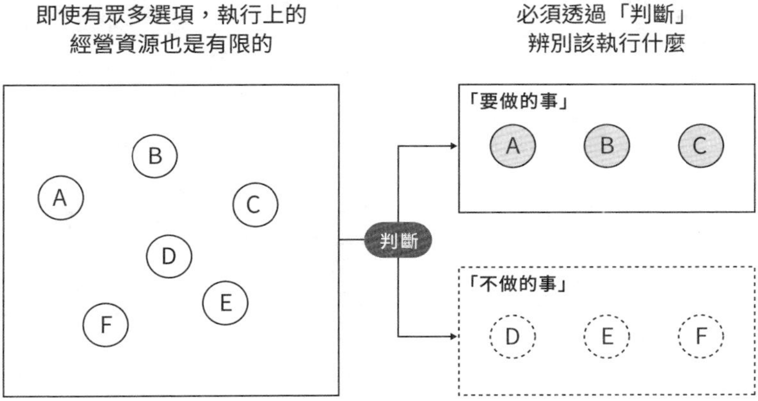

舉例來說，下屬詢問上級：「該進行A案還是B案？」上級回答：「A案效果似乎比較好，但要花成本。B案則是不花成本，但效果似乎有限。」這種回答只是在「逃避責任」，不能叫作「判斷」。清楚明確地回答「進行A案吧」，這才是「判斷」的基本條件。

要讓這項「判斷」變得更明瞭，就要連「不做的事」也一併釐清。如果只回答「去做○○」，那麼詢問的那方還是會擔心：「其他真的都不用做嗎？」此時，若可以回答：「按照○○的大方向去處理吧。其他都沒有觸碰到問題的真正因素，所以可以放著不管。」就能將前來詢問的團員心中的疑慮一掃而空。「不必做～」並不是消極的否定，而是向大家宣示，要把精力投入在真正重要的事物上。

雖然誰都希望能獲得完整的資訊，備齊所有的條件，做出百分之百確切的判斷，但這種理想環境是不存在的。正因資訊、條件不完整，所以我們才需要做出「判斷」，不完整的地方需要用決策者的「個人意思」來填補。日文將決定要做什麼、不做什麼的決策，稱為「意思決定」，可見決策就是一種個人意思的表達。

好判斷和壞判斷的四種類型

區分「要做的事」和「不做的事」時，最後所做出的判斷結果，可以被評為「好判斷」或「壞判斷」。此時，我們是根據什麼決定一個判斷的好壞？

答案是**「原本該有的處理」和「實際的判斷」相切合的話，就是好判斷；兩者沒有切合，那就是壞判斷**。我們可以根據對於「原本該有的處理」做出了什麼「實際的判斷」，將判斷如圖6-2般分成四個結果。

〔圖 6-2〕這項「判斷」是否與「原本該有的處理」相切合

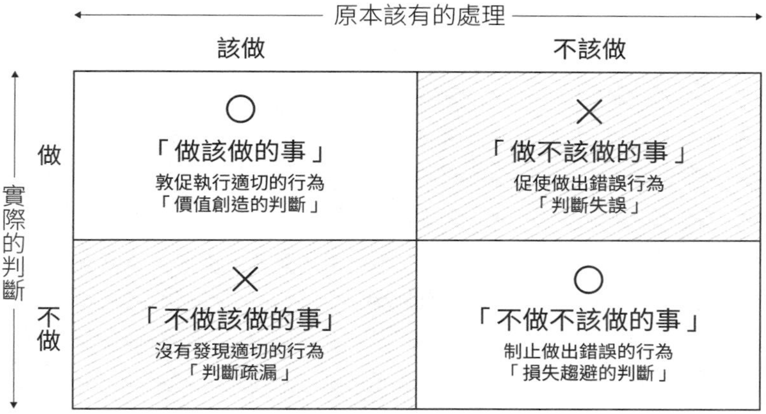

讓我們一個一個深入了解。首先，「好判斷」可分成以下兩種類型。

第一種判斷是，指示「做該做的事」，敦促團隊執行適切的行為。例如「拜訪客戶前，先訂出一套客戶需求的假說」、「進行生產現場狀況的視覺化，以加速改善」、「在團隊中適時地進行橫向合作，解決專案中發生的課題」等。確實「做好」這些「該做的事」，就能讓工作產生價值。若要一言以蔽之，則可稱之為「價值創造的判斷」。

另一種判斷是，**指示「不做不該做的事」，制止團隊做出錯誤的行為**。我們可稱其為**「損失趨避的判斷」**。「目的不清不楚就開始工作」、「沒有做好安全確認就進行危險作業」、「沒有確認決策的重要資訊的正確性」，想要制止團隊做出這些「不該做的事」，也是需要做出判斷的。如果沒有制止團隊做出這些不該做的事，而實際上真的發生了，那就會在工作上產生廣義的損失（不好的事）。要避免這種損失，對於「不該做的事」就必須明確指示團隊「不要做」。

至於「壞判斷」則可分成「判斷失誤」和「判斷疏漏」兩種。

第一種**「判斷失誤」是指，指示「做不該做的事」，促使團隊做出錯誤行為的判斷**。例如，在事業沒跟上潮流，明顯難以長期經營的情況下，做出「繼續投資」的判斷，這就屬於判斷失誤。這是把原本應該割捨的事業，延續進行下去，從這一點來看，它就是一個壞判斷。

而第二種**「判斷疏漏」則是指，沒有發現適切的行為，而「不做該做的事」的判斷**。例如，沒有指示團隊對投資判斷的重要財務數據進行再次確認，結果因為數據有誤而取消投資一項有前途的案件，這就屬於判斷疏漏。這是錯失了原本可享有的好機會，而造成機會上的損失，從這點來看，它也可說是一個壞判斷。

如上所述，判斷的結果就是如此單純。正因如此，一切敷衍了事的小聰明都無法在判斷上發揮作用。「做該做的事」、「不做不該做的事」——把這個簡單的原則當作規範自己的理念，並在每一次進行判斷時貫徹這項理念。這就是無論在做任何判斷時，都需要保有的心態。

一個優異的判斷取決於「品質×速度」

那麼，如何才能做出優異的判斷？

我們可以用下面這個「優異判斷方程式」來表示：

優異的判斷＝判斷的「品質」×判斷的「速度」

一個判斷優異與否，取決於判斷的「品質」與「速度」這兩項要因。

〔圖 6-3〕要成為能做出優異判斷的人，先決要件是提高判斷「品質」

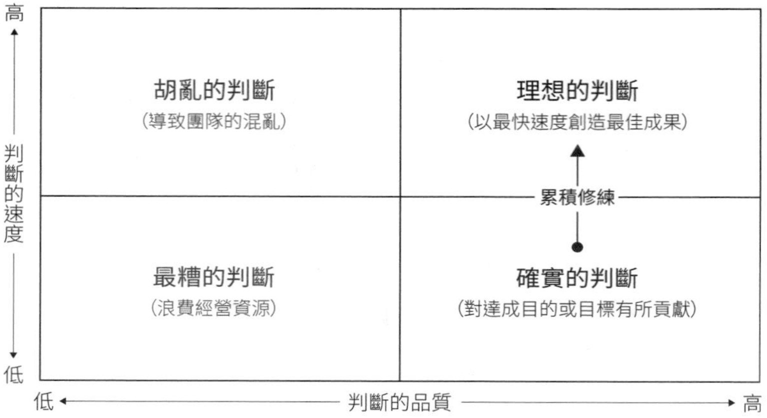

其中，判斷的「質」是由什麼決定？

歸根究柢，我們做「判斷」是為了什麼？是為了解決問題，進而達成目的和目標。因此，**「對目的和目標的達成是否有貢獻」決定了一個判斷的「品質」**。例如，有一個人問：「我想完成領導者的職責，我該怎麼做？」被問的人回答：「那就去把 Excel 相關係數學好。」這個建議就稱不上是一個高「品質」的判斷。因為根據這個判斷結果所採取的行動，並不會對詢問者的目的達成產生直接幫助。

另一個決定判斷優異與否的重要因素是**「速度」**。

為何對領導者而言，判斷的速度很重要？因為領導者必須做出的工作輸出就是判斷。當領導者帶領一個團隊的時候，比起寫在計劃書中的「固定工作」，更需要處理的是計劃外的「例外事件」。因為那些例外事件，是經驗尚淺的成員處理不來的，而領導者所做出的判斷，就是問題解決這項輸出本身。

如果「判斷」遲了，會發生什麼事？判斷越遲，團隊整體停滯的時間越久。於是就造成了人事費用的浪費，也會損失團隊運作的情況下有機會產生的成果。**從工作的投入量（成本）及成果（機會損失）兩方面的打擊來看，判斷的「速度」對創造成果的生產力，有著決定性的影響。**

理想上，任誰都希望做出兼具「品質」與「速度」的機敏判斷。但我們今後在培養判斷力時，要避免什麼都想要，結果什麼都得不到的窘況。

在魚與熊掌不可兼得的情況下，我們該以何者為先呢？答案是「品質」。如果用最快的速度，卻做出胡亂的判斷，那也只會讓團隊產生混亂而已。所以，我們要先以做出能確實對達成目的或目標產生貢獻的判斷為目標。

過去的成功經驗已派不上用場——過去經驗的無價值化

那麼，判斷的「品質」要如何提高？

關鍵在於用什麼當作**「判斷準則」**（圖6-4）。

我們做出判斷時，背後存在某個讓我們做出此決定的思考方式及來源根據。

既然判斷結果會受到判斷準則左右，那麼**判斷準則的好壞，就會直接影響到判斷的「品質」**。所以，提高判斷能力，第一步就是要對「自己進行判斷時是以什麼作為判斷準則」有所自覺。

「以前這樣做就一帆風順，所以這次也這樣做吧。」如此仰賴過去的成功經驗，不見得會是一個好的判斷準則。因為在變幻莫測的VUCA時代裡，**「過去經驗的無價值化」**正在急速發展。比方說：

- **「電視是在固定時間，讓人觀看固定分量的固定節目。」**

↓「上網就可以在自己愛的時間，看愛看的內容、愛看多少就看多少。」

〔圖 6-4〕「決策的品質」取決於判斷準則

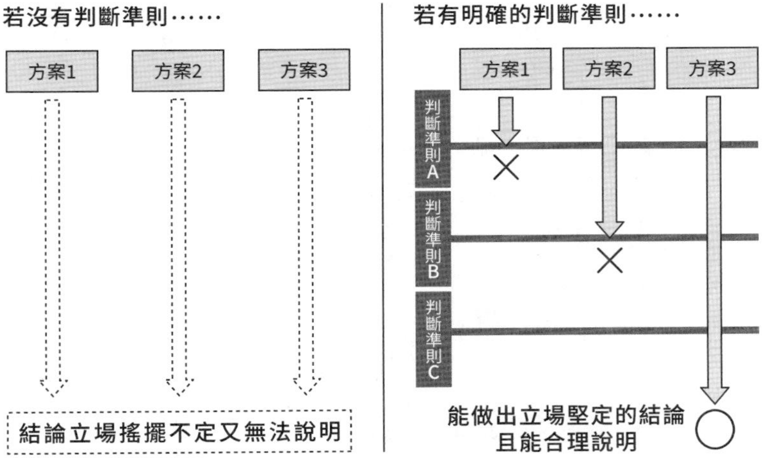

- **「只有企業和媒體等大型組織，能對社會產生影響。」**

↓「個人（網紅）可以透過社群媒體，對社會產生影響。」

- **「工作要直接面對面進行。」**

↓「利用視訊會議的工具，就能遠距離工作。」

這些變化都是我們親眼就能見到、平日就能體驗到的。

在這個變幻莫測的世界裡，一味延續過去的經驗已不管用。除了延續過去的方向外，我們還能根據什麼做出判斷？我們可以用懷抱未來願景的「目的和目標」為準則做判斷。

以目的－目標為「判斷準則」，做出的決策就不會搖擺不定

換言之，如果判斷時的根據是「因為這是過去一帆風順的做法」，那就是把眼光放在「過去」，也就是「背後」；若改為「因為這是通往實現未來樣貌的途徑」，那就是將眼光放在「將來」，也就是「前方」，而後者才是我們該做的。如果判斷的「品質」取決於「是否能為達成目的或目標產生貢獻」，那麼**將「目的和目標」當成判斷準則，就是幫助我們做出優異判斷的關鍵**。

假設，你剛成為一名領導者，正在思考「今後自己該有什麼樣的言行舉止」。此時，如果你是根據「因為過去這樣都一帆風順」的視角做出判斷，會發生什麼事？若要延續過去的做法，你想到的可能會是「讓自己能迅速而正確地執行命令」、「學會製作更精美的 PowerPoint」、「學會在 Excel 上使用更高難度的相關係數」等等。

但是，如果有一天團員問你：「我們到底要朝著哪個方向、做什麼事？」這

時你該怎麼辦？這個問題跟事情做得正確、報告製作得精美，是非連續性的課題，並非延續過去的思考方式就能處理的。

此時你需要的是，根據「為組織帶來更大的成果」這個目的和目標做出判斷，並「帶領團隊，完成身為領導者的任務」以達成該目的和目標。當你以這種把目光放在未來的視角，回頭掌握自己的狀況時，就會想出「面向未來」的應對策略，例如「學會為團隊指示出目的和目標」、「學會設計出不必做白工的工作內容」、「組成符合工作必要條件的最佳團隊」等。「面向未來」和「延續過去」的做法，何者更適合一名領導者，應該不用再多說了吧。

做判斷，永遠都要面朝著目的和目標的達成。因此，目的和目標必須是決定事物之際的判斷準則。當我們明確地知道自己的判斷準則長什麼樣子時，我們就能做出不受周圍雜音影響的合理決策了。

「判斷」的實踐步驟

「判斷」接在辨認出什麼問題該解決的「認知」之後，它是為了解決問題而決定什麼是「該做的事」、什麼是「不做的事」的過程。其進行方式是，先找出「該做的事」的候補選項，再決定何者為執行方案。接下來我們就透過四個步驟來看看判斷的具體用腦方式。

〔步驟一〕為「該處理的問題」制定「應對方針」

「判斷」的第一個步驟是，為解決問題制定高水準的「應對方針」。如果在制定出這種大方向前，就貿然進行細部的工作，則有可能讓應對方案走偏或有疏漏之處。因此，必須先從宏觀的大局視角，制定出該前進的大方向。

那麼，解決問題的「應對方針」該如何制定？

這時，我們就得回憶一下解決問題的本質是什麼。解決問題的本質就是，排除讓問題發生的根本原因，改變問題的因果關係。而「應對方針」正是為排除這項根本原因的方法，制定出的大方向。**我們已經在「認知」的時候，充分深入挖掘出根本原因了**，如此一來，**此處只須確立一個作為大方向的「應對方針」來解除該原因即可**。

讓我們用「認知」一章所舉的例子來說明。在這個例子中，我們的目的是「提升業務生產力」，目標是「提高平均銷售單價」，對此所找到的其中一項問題是「產品單價比競爭對手低」。對這個問題深入挖掘其原因，就找到了原因如下：

- **公司沒有推動新產品的開發。**
- **沒有努力開拓不具價格談判優勢的小宗客戶。**
- **總公司「看不到」給客戶的銷售價格。**

所謂的「應對方針」正是要聚焦於這些原因，制定出應對的大方向，以改變

〔圖 6-5〕藉由聚焦於原因，制定出應對方針，進而改變問題發生的因果關係

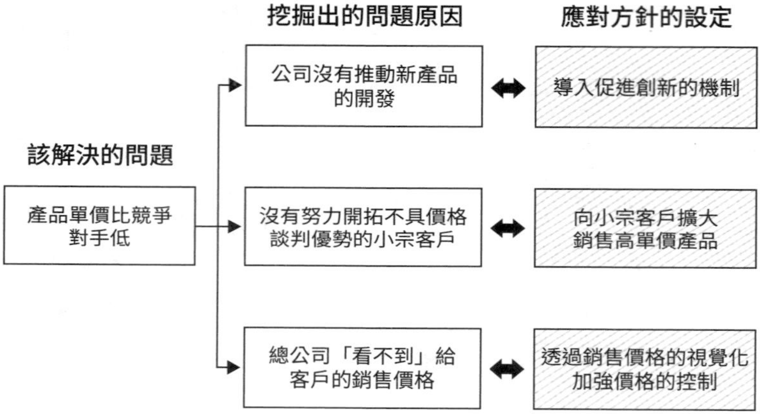
挖掘出的問題原因
應對方針的設定
該解決的問題
產品單價比競爭對手低
公司沒有推動新產品的開發
導入促進創新的機制
沒有努力開拓不具價格談判優勢的小宗客戶
向小宗客戶擴大銷售高單價產品
總公司「看不到」給客戶的銷售價格
透過銷售價格的視覺化加強價格的控制

其因果關係。在這個案例中，我們可以設定出如圖6-5的應對方針，作為一個參考範例。

這時不能忘掉「目的—目標—手段」的全局性故事進程。我們是以達成目的和目標為前進方向，設法想出其手段。在這個故事進程中，我們「認知」出了該應對的問題，並試圖「判斷」應對方針，這就是我們目前的所在位置。當我們討論到具體手段時，就免不了討論到細部的環節，但請時時刻刻保持這種可以放大、縮小鏡頭的觀看方式，在整體和局部之間自由來去。

〔步驟二〕分解方針，找出「對策」

我們在步驟一中制定了應對方針，但那樣的內容恐怕會令人不禁懷疑：「以總論來說應該是沒有錯，但在實際面上呢？」因為內容等級高（概論性強），所以很難說自己究竟贊不贊成。這種「總論上贊成」的狀態，還稱不上是一個有意義的決策，所以我們必須進一步從中找出「對策」。

那麼，我們該如何找出「對策」呢？

要讓思考有所進展，就要對應對方針提問：**「如何做？」**（How）此時，只要從「縱向」和「橫向」的視角找出應對方案，就能建立一個有系統的應對方案架構。讓我們對這兩個視角分別進行討論。

「縱向」的視角是指，拓寬對策的選項（Option）的廣度。此處所展現的就是所謂的「選擇思維」（Option Thinking）。拓寬選項之所以重要，是為了避免「雞蛋都放在同一個籃子裡」，因為唯一的對策被宣告失敗的瞬間，我們會失去一切成果。不想遺漏有前景的潛在選項，就要把「能／不能」先放在一邊。再以退一步的視角，從零開始廣泛地展開各種應對方案。

讓我們再回到前面的例子。步驟一中，我們的其中一項應對方針是「向小宗客戶銷售高單價產品」。這個方針的縱向展開就是，提問：「如何做？」（How）藉此發展出各種對策。此時，如果以價值鏈——「研發」、「生產」、「行銷」——作為切入視角，就能從應對方針推導出以下三項對策。

- **研發……為小宗客戶打造完善的商品種類。**
- **生產……建構多品種少量生產的體制。**
- **行銷……有效率地向不特定多數的客戶推銷。**

只不過，這個等級仍尚未脫離「總論上贊成」的領域。所以我們還需要「橫向」的視角。「橫向」的視角是指，將對策具體化。當對策不夠具體時，決策也會變得模稜兩可，因此一定要具體化到可以想像得出實務工作的場景。

把這個視角也套入例子中來看看。比方說，以「為小宗客戶打造完善的商品

〔圖 6-6〕透過應對方針的縱向及橫向的分解，發展出具體的應對方案

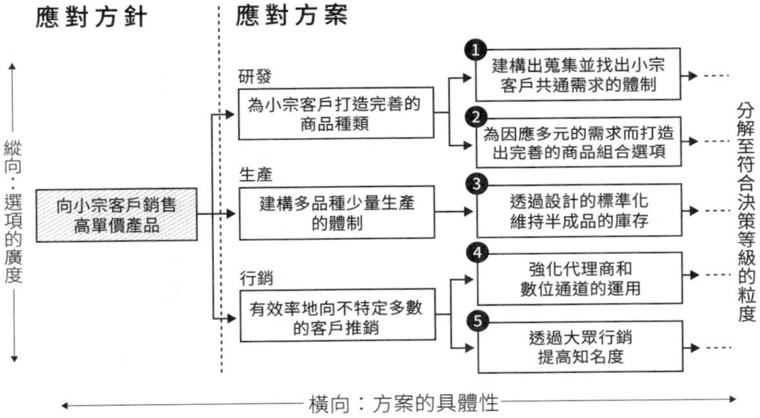

種類」為例，就是對此提問：「如何做？」(How) 藉此找出各種具體對策，如「建構出蒐集並找出小宗客戶共通需求的體制」、「為因應多元的需求而打造出完善的商品組合選項」等。來到這個等級，對於「該做的事」、「不做的事」就會產生各種討論，於是才能做出有意義的決策。

最後要做的輸出是，以應對方針為主軸，整理出一個有清楚結構的「應對方案樹狀圖」。這個樹狀圖可說是創造成果潛力的視覺化（圖6-6）。

〔步驟三〕從目的或目標中找出「判斷準則」

經營資源是有限的。因此必須在候補對策中做出「哪個要做／哪個不做」的選擇。為此，我們需要的是一個「判斷準則」，以此為篩，從複數的方案中篩選出有希望的方案／沒有希望的方案。判斷準則越清晰，就越能避開「就是覺得比較好，也說不上來原因」這種決策的黑箱作業，也更能合理地說明為何做出這樣的決定。

那麼，我們該如何設定這個「判斷準則」呢？在思考的方式上，有以下兩個要點：

①從目的或目標導出判斷準則。

②賦予判斷準則「重量」。

做判斷是為了「達成目的或目標」，所以反過來說，「這個判斷對目的或目標的達成是否有貢獻？」就可以成為支持決策正確性的根本論據。這就表示，只要

〔圖 6-7〕因為是從目的或目標推導出判斷準則，所以能做出高「品質」的判斷

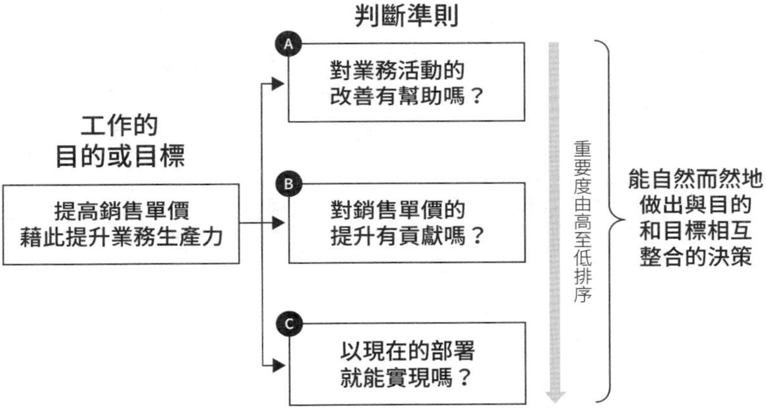
判斷準則
工作的
目的或目標
提高銷售單價
藉此提升業務生產力
A
對業務活動的
改善有幫助嗎？
B
對銷售單價的
提升有貢獻嗎？
C
以現在的部署
就能實現嗎？
重要度由高至低排序
能自然而然地
做出與目的
和目標相互
整合的決策

從這項根本論據推導出具體判斷準則，就能做出優異的判斷。

再套入前面的例子看看（圖 6-7）。我們在步驟二中選定了五種對策。為什麼要思考出這些對策？那是為了「透過提高銷售單價來提升業務生產力」。只要以此為起點推導出判斷準則即可。這裡我們推導出以下三項判斷準則：

A　**對業務活動的改善有幫助嗎？**

↓既然目的是「提升業務生產力」，對策就是以改善業務活動為大前提。

B　**對銷售單價的提升有貢獻嗎？**

↓對「提高平均銷售單價」這個目標

越有貢獻，就是越優異的對策。

C 以現在的部署就能實現嗎？

→若是透過自己部門的活動無法實現或實現困難的對策，就沒有執行意義。

另一件重要的事是，找出判斷準則後，就要賦予它們「重量」。換句話說，就是要替它們排序，區分哪些是更優先的判斷準則，哪些不是。

比方說，以產品的生產而言，「安全性」是第一優先的判斷準則，比「品質」、「交貨期」、「成本」等判斷準則更重要。無論那項產品在品質、交貨期、成本上多麼優越，如果不能保障消費者的安全，那就完全出局了。

意外的是，賦予判斷準則重量的觀念，經常被遺忘，還常常能見到因此而下不了判斷的狀況。為了避免這種情況發生，在實務工作上，不妨根據判斷準則的重要性，從高到低依序列舉。「準則」和「重量＝順序」是做出判斷前，必須先備齊的兩項條件，請先掌握這一點。

〔步驟四〕依據判斷準則決定「執行方案」

「對策」與「判斷準則」都有了之後，最後就是要做出決策，決定採取哪項方案了。此時，只要將前面步驟中準備好的這兩項要素相互交叉即可。兩者的交叉圖表，稱為**「選項矩陣」**(Option Matrix)。

選項矩陣是以判斷準則為縱軸，對策方案（選項）為橫軸所繪製而成。將判斷準則當作篩子，對每一項方案進行篩選，最後留下來的就是「執行方案」。實務上，不妨用○、△、×的標記在矩陣中給予評價，這麼一來，判斷結果就能一目了然。

這時該注意的是，要分別寫下自己為什麼會給予○、△、×的評價。光是打上○、△、×的標記，就有可能以「直覺是○」、「大概是×」、「因為分不出來所以給△」等的理由評分，這麼一來又會落入判斷的黑箱作業。為了做出明確的判斷，到最後都請不要放棄將自己的思考過程，寫成明明白白的文字。

用前面的例子來表示的話，可以整理成圖6-8。表格中，根據判斷準則進行評量，賦予了各個選項優先順序，最後將「建構出蒐集並找出小宗客戶共通需求的

〔圖 6-8〕用選項×判斷準則的矩陣，將決策「視覺化」

判斷準則	對策＝選項 ① 建構出蒐集並找出小宗客戶共通需求的體制	② 為因應多元的需求而打造出完善的商品組合選項	③ 透過設計的標準化維持半成品的庫存	④ 強化代理商和數位通道的運用	⑤ 透過大眾行銷提高知名度
A 對業務活動的改善有幫助嗎？	○ 能有效率地深入理解客戶	○ 透過「型錄化」就能效率化地訴諸價值	△ 透過交貨期的改善間接變得容易推銷	○ 可進行「一對多」的業務活動	○ 能節省應對個別客戶的精力
B 對銷售單價的提升有貢獻嗎？	○ 提高對客戶的價值提供藉此增加單價	○ 能找出有機會以高單價銷售的商品	× 雖然改善了交貨期、生產力但無法直接反映在單價上	△ 有必要對代理商控制銷售價格	△ 透過拓展客戶基盤增加以高單價銷售的機會
C 以現在的部署就能實現嗎？	○ 可以由業務企劃部門進行	△ 需要與商品企劃部門合作	× 需要由生產部門進行改革	○ 可以由業務企劃部門進行	△ 需要與市場行銷部門合作
↓	↓	↓	↓	↓	↓
優先度	**高** 應該立刻執行	**中** 應該執行	**低** 不執行	**中** 應該執行	**中～低** 優先執行其他對策

體制」選為最優先的執行方案。

以這種形式，將決策方案的選項與判斷準則明確展示出來，就能一覽無遺地將導出結論的過程加以視覺化。決策的視覺化，會在你說明的時候帶給你自信，也能讓傾聽你的決策者和團隊，更容易接納你的結論。我們的理想目標是，能同時巧妙地運用「選項」和「判斷準則」，做出通暢而清晰的判斷。

案例解方

前面我們談完了「判斷」的技法，這裡就要使用這項技法來思考，面對覺得專案太過繁忙的井上，你該怎麼回答。你最終要做的是，判斷「該做的事」為何，並將其傳達給井上。因此，一開始我們就先來思考可能會有哪些「該做的事」的選項。

在專案進行的過程中，會影響專案的品質和負擔狀況的因素眾多。身為專案經理，必須掌握那些因素，並辨認出該對哪項因素提出對策。

那麼，影響專案的品質與負擔的因素有哪些呢？這裡我們可以參考在專案管理上有「鐵三角」之稱的下列三大因素：

- **範疇**（Scope）……**專案的討論對象及範圍**
- **資源**（Resource）…**投入專案的人力規模**
- **時間**（Time）………**專案耗費的期間**

專案的負擔情況會大大受到這三大因素所左右。無論是範圍太大、資源太少或時間太短，都會造成三角形的某個頂點塌陷，進而提高整體專案的負擔。勉強進行專案的結果，就是造成專案的品質低落。

只要參考這個「鐵三角」，就能篩選出以下三個對策的選項（圖6-9）。這些是我自己在進行專案管理時，也會時時刻刻注意的極為重要的部分。

〔圖 6-9〕用「鐵三角」控制專案的負擔

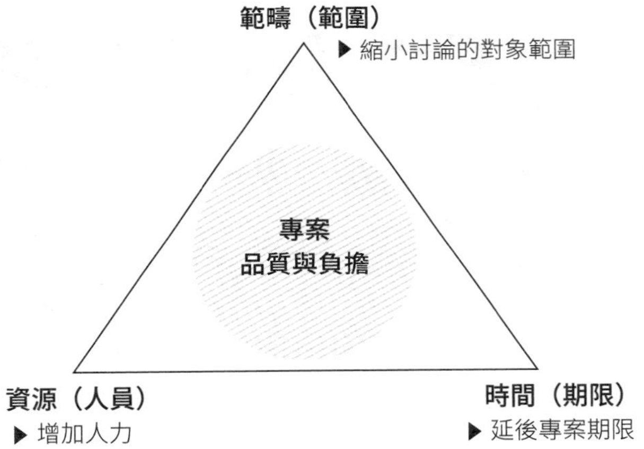

①範疇……縮小討論的對象範圍
②資源……增加人力
③時間……延後專案期限

選出可以提出的候補選項後，接下來就要選擇該執行哪個選項了。現在我們就需要判斷準則來作為選擇的依據。還記得嗎？此時的判斷準則，是要從判斷的目的來尋找，也就是問自己：「我是為了什麼而做判斷的？」

這次的案例中，判斷的目的有二：一個是以專案經理的身分，減輕專案的負擔。另一個則是這次更加重視的目的，那就是「讓井上自己克服困難，成

〔圖 6-10〕若判斷準則的「重量」明確，即使選項各有千秋也能做出決定

判斷準則	對策＝選項 ① 縮小範疇	對策＝選項 ② 增加資源	對策＝選項 ③ 延後期限
A 是否能幫助提升中堅領導者所需的技能？	○ 讓井上自行思考如何縮小範疇以培養其技能	△ 單純增加人力的話無法幫助提升技能	△ 單純延後期限的話無法幫助提升技能
B 是否能減輕過度負擔的狀況？	△ 縮小的方式沒設好的話會有減輕不了負擔的可能	○ 增加人力的話一定能減輕負擔	○ 延後期限的話一定能減輕負擔

▼

從判斷準則的重量來看，應該執行選項①

為一名中堅領導者」。你希望讓井上自己處理狀況，透過實戰經驗，獲得領導者所須具備的技能。

參照以上兩項目的，可以得出以下兩項判斷準則（圖 6-10）。其中，重量較重的判斷準則是「提升中堅領導者所需的技能」。

A 是否能幫助提升中堅領導者所需的技能？

B 是否能減輕過度負擔的狀況？

「選項」與「判斷準則」都準備齊全後，就是將這兩個項目交叉，製成選項矩陣，然後評估選項，判斷執行哪個方案。

只不過，實際建立起選項矩陣後，會

發現三個選項各有千秋，看起來沒有一個選項擁有明顯的優勢。若要縮小範疇，如果縮小方式有誤，說不定無法減輕負擔；若是在人員或時間上，給予更多餘裕，則又怕無法提升井上的技能。

如此難分軒輊的狀況，正是再次確認判斷準則的「重量」的時機。以這次的情況而言，比起減少眼前的負擔，更重要的是提升井上的技能。由此可知，最能幫助井上提升技能的，才是優先選項，所以我們可以判斷出要選擇的是「縮小範疇」。另外，「增加資源」、「延後期限」的選項，因為不符合目的，所以可以明確指示「不必這麼做」。

自己能像這樣明確意識到判斷準則為何，就能用清楚明白的話語，向對方說明判斷的企圖與根據。對於井上，你也可以傳達指示如下：

「我希望你能在這項專案中，擔起次要領導者的角色。因此，在目前這個時間點，不會變更人數或期限，但我希望由你來重新檢視討論對象的範圍。我想讓你透過這個經驗，學習到領導者所需的管理技能。」

明白地說出判斷的根據，才能贏得團員的信賴。「判斷」的技法不僅是決策的方法而已，還是獲得眾人「信賴」之術。

必須做出「正確判斷」的領導者所須具備的「晶體智能」

前面我們探討了如何做出優異的「判斷」。找出應對方案的選項，訂定合理的判斷準則，為執行方案排出優先順序，這一系列的過程都是難度極高的智能活動。我們需不需要培育什麼樣的能力，以因應這種高難度的智能活動？

根據心理學家瑞蒙．卡特爾（Raymond Cattell）指出，人類的智能分為兩種，一種是**「流體智能」**（Fluid Intelligence），另一種是**「晶體智能」**（Crystallized Intelligence）。流體智能是一種能透過迅速而複雜的推理和計算，適應環境變化的能力，比較像是頭腦轉得快的聰明人的能力。相對地，晶體智能則是一種能以豐富的知識和經驗為基礎，賦予深入洞察事物的能力，比較像是充滿智慧的智者的

〔圖 6-11〕需要徹底發揮人類的智能，才能做出優異的判斷

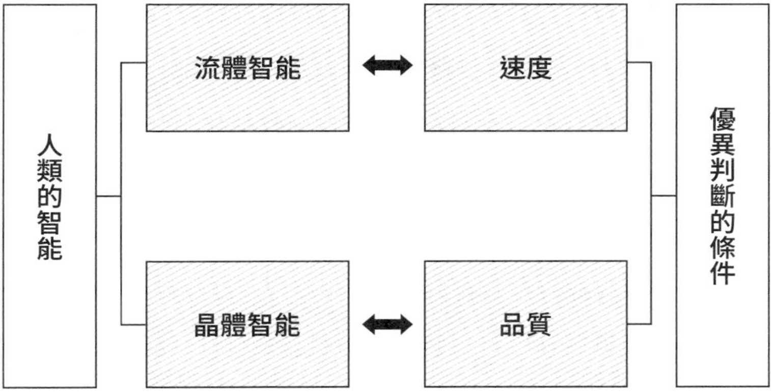

能力。

奇妙的是，這兩種能力正好符合優異判斷的兩項條件——「速度」和「品質」。負責高速資訊處理的流體智能對應到「速度」，以深刻洞察帶來正確判斷的晶體智能，則是支撐起了判斷的「品質」（圖6-11）。也許優異的判斷就是如此高難度的知性活動，需要將人類的智能徹底發揮才有可能辦到吧。

那麼，對於想要成為優秀領導者的我們而言，這兩項智能中，哪一項比較重要呢？比較重要的是，支撐起判斷「品質」的晶體智能。

關於判斷的速度與品質何者重要，答案會被判斷對象的等級所左右。判斷的若是企

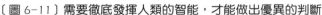

〔圖 6-12〕當判斷的影響越長遠，正確性就會變得越重要

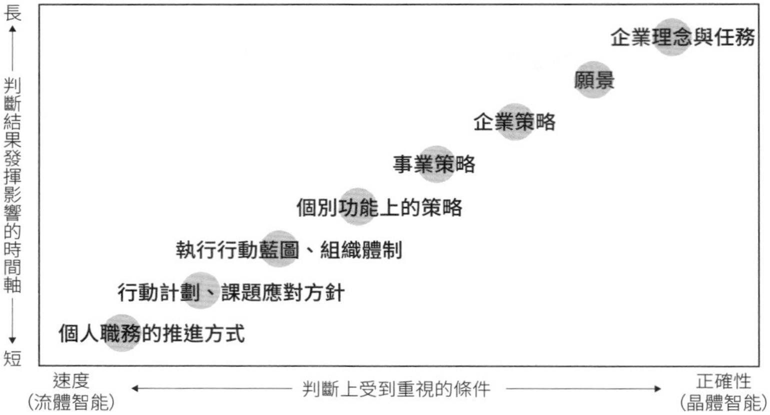

業任務、企業願景等高級別的對象，那麼判斷結果對企業所造成的影響，就會長達五年、十年。判斷的影響越大，做出一個能夠在未來貫徹執行的正確判斷就顯得越重要，至於早個一兩天做出判斷，就變得無足輕重了。反之，若是當天的工作進行方式等當下問題，那麼能當場迅速給出方針，讓現場順利運作，就顯得更加重要（圖6-12）。

你今後作為一名領導者，位階不斷向上提升的同時，要做出的判斷等級應該也會跟著提升。此時你所需要的，將不再是只觸碰到表面的快而粗糙的判斷，而是對未來有著深入洞察的「正確判斷」。因此，

為我們帶來豐富洞察的晶體智能，是我們今後要不斷培養的能力。

傾聽眾人的聲音，獨自做出決定

最終，做出判斷並承擔其結果的，只有領導者一人。

這雖然是十分嚴酷的考驗，但在決策上，這是不變的道理。

領導者當然需要廣泛傾聽眾人的聲音。採納周圍的意見，才能彌補自己的不足，矯正藏在自己思考中的無意識偏見(Unconscious Bias)。不僅如此，得到周圍贊同時，也能讓我們更加確信自己的判斷。這種確信，在做出判斷並採取行動上，是缺之不可的要件。

另一方面，在做決策上，太過重視「全體意見一致」，則經常可見以下問題點。這些狀況或許你也心有戚戚焉。

・最大公因數判斷（因此造成判斷「品質」的低落）

↓沒有明確的基準，廣泛採納大家的意見，汲取出共通的部分，結果淪為沒有「稜角」的平庸結論。

・冗長的事前溝通（因此造成判斷「速度」的低落）

↓為了讓相關各處都沒有反對聲音，而進行事前的溝通、調整，為了取得大家的共識，而在內部活動上耗費了冗長的時間與大量的勞力。

傾聽周圍的聲音是一種美德。但單純的蒐集意見，對決策而言是沒有意義的。**畢竟，決策是一種「整合」。**透過各種視角綜合考慮前提與限制，最後匯聚成一個結論。這種整合行為，只能在領導者自己一個人的內在進行。判斷的本質就是要承受這種根本上的孤獨，對於這一點我們必須有所覺悟。

第 7 章

「行動」

不白做工而能獲得
最好成果的「行動導出方式」

工作的成果是「計劃」與「執行」的產物。而執行的關鍵，就是要將達成目的或目標的方針，落實在團隊活動中，具體到可以「動手去做」的程度。反過來說，無論描繪出的故事再怎麼美好，只要前線工作者無法根據這個故事做出行動，那就等同於領導者沒有盡到應盡責任。本章要談的就是，如何推導出行動、如何向團隊傳達內容，才能讓團隊做出直接通往成果的有效行動。

案例研究

如何成立市場調查部隊，建構執行體制？

今後會是一個複雜而多變的時代。未來經營環境將如何變化？在這樣的環境中公司又該如何掌舵？這是任何組織都必須好好面對的問題。

在認知到這些問題的情況下，你所屬的公司決定成立一支由CEO直接指揮的市場調查部隊。目的是透過市場調查、競爭對手調查、以及情境分析(Scenario Analysis)，以中長期視角來提出建言，並制定出全公司的經營方向。活動的目標則是以每季度一次的頻率發表一份「經營環境報告書」。

根據慣例，成立新部隊的責任將落在你身上。因為這是你們公司第一次做出這樣的嘗試，所以全公司上下，沒人知道這支調查部隊該負責什麼樣的工作，執行體制又該建立到什麼程度。

如果是你，你會替這支新部隊制定什麼樣的職責、建構什麼樣的執行體制呢？

再怎麼努力，行動只要偏離「目的－目標」，就沒有成果

你是否曾在工作到一半時，因為遇到以下情境而感到無力？

・雖然搞不清楚工作的大方向和目標，但還是先動手再說。
・真的開始行動後，手邊的事情有了進展，於是只能不斷前進。
・即使腦中閃過「我做這些究竟是為了什麼」的疑問，但已經開始了，就只能硬著頭皮繼續做下去。
・工作告一段落，向上級徵詢意見時，上級卻說：「你做這些幹麼？我要你做的不是這個。」

這些是行動沒有連結到成果的最糟情況。這種狀況有可能發生在彙整資料等的小事上，也有可能發生在會影響到公司未來的大規模專案上，於是上級問你：「你為什麼要開發這項技術？」「你收購這間公司是為了什麼？」「你導入這項系

統是打算做什麼？」也許你也有過類似經驗。當事已至此，無論前面灌注了多少心血，都是白搭。

那麼，我們要如何才能避免徒勞無功，確實讓行動直接連結到成果呢？

在這段旅程中，我們已經走完很長的一段路了，所以現在讓我們重頭爬梳一下。我們正在深入了解「五項基本行為」。這是用來找出「目的－目標－手段」金字塔結構中、位在第三層的「手段」的技法。現在正在依序說明五項基本行為中最為基本的「認知、判斷、行動」，目前已經知道如何透過認知和判斷，找出優先的執行方案。

我們可以在這個宏觀的流程中，找到「行動」所處的位置。**「行動」就是將認知和判斷所找出的手段，在實際面上落實執行。**要讓行動直接連結到成果，就必須讓行動與認知、判斷出的內容協調一致，並與目的和目標上下連貫、一氣呵成。不能將人生中有限的寶貴時間，浪費在偏離目的或目標的工作上。

創造成果取決於行動的「速度」×「正確性」

行動也和判斷一樣，「正確」是必須遵守的大前提。如果採取的行動是「錯誤」的，那麼不管花費多少勞力，結果都將徒勞無功。而所謂「正確的行動」，當然就是指「與目的、目標和諧一致的行動」。

除此之外，還有另一個觀察行動優異與否的切入點。

那就是**「速度」**。理所當然地，相同的工作，在越短的時間內完成，得到的生產力評價就越高。能用更短的時間彙整好資料、一天能拜訪更多客戶、單位時間內的生產量更高等等，在商業上「速度」永遠是重要的競爭要素。

只不過，有一個容易被忽略的地方，必須特別注意。無論速度再怎麼快，如果行動本身是「錯誤」的，會發生什麼事？比方說，生產工程上明明有設計瑕疵，卻用超高速度粗製濫造出大量的不良品，還大舉輸出到世界各地。這種情況就是在朝錯誤的方向飛奔而去，到時候想再回到原狀都回不去了。

〔圖 7-1〕「正確」是行動的大前提

高
行動的速度
低
失控
無法挽回的最差情況
最佳的行動
以最快、最短的距離創造出成果
停滯
沒有創造出成果
但還能重頭來過
不算最差
穩健的行動
雖然要花較長的時間
但最終努力都能結成果實
錯誤
行動的正確性
正確

我們需要做的是，在踩下油門前，記得先暫停一下，確認行動的「正確性」。接著才能好好加速。如果連方向都搞不清楚，就不加思索地橫衝直撞，結果浪費了團隊的努力、團員們的人生的話，那就是領導者必須負起的責任了。身為領導者的我們，最好保持從容不迫的態度，在行動前先確認行動的「正確性」（圖7-1）。

集合成員的力量，制定出「可操作」的活動

前面談到行動的有效性取決於「正

確性」和「速度」。其實除此之外，還有另一項重要的觀察視角，那就是**「可操作」**（Actionable，**能在現實中採取行動**）與否。如果對團隊而言是無法執行的，那麼無論行動再怎麼正確，也無濟於事。

舉例來說，讓我們比較看看下列的上級指令。

①**「你去調查一下醫療保健市場。」**

②**「你去調查一下醫療保健市場上主要區域的市場趨勢和競爭環境。」**

③**「你去整理一下歐洲、亞洲、北美地區的醫療保健市場的規模和成長數據，分別調查三個地區的主要成長因素和主要限制因素。另外，再去蒐集業界的共享數據，然後統整出其中的主要參與企業的企業概要、優勢、劣勢，以及未來策略的大方向。」**

指令內容是依照①至③的順序越來越詳細。雖然同樣是指令，具體性卻截然不同，對領導者而言，要把指令說得多詳細，確實是一個傷腦筋的問題。

把指令說得鉅細靡遺，當然能讓負責工作的團員對工作內容有更確切的認知。但可能有些人對於指令說得這麼詳細，會感到不能苟同；另外，這也有可能讓團員變成一個指令一個動作的作業員，失去了自己的創意發想。

相反地，如果因此以為指令內容不要說得太細，只要傳達一個大概就好，又不見得行得通。只傳達一個大概的話，有些人會正面解讀為上級安心地把工作交給自己，而受到激勵；但也有些人會在心裡犯嘀咕，覺得指令下得不清不楚，是要教自己如何執行才好。萬一指令下達得太粗略，造成團員工作的結果與自己原本想要的不同，結果工作必須重來一次，這甚至有可能被視為下指令者的疏失。

那麼，我們該如何下指令，才能讓團員順利地進行工作呢？

這就要配合接受指令的團隊成員的成熟度，對指令內容的具體性進行調整了。因為一個指令對接到指令的當事者而言是否可操作，會受到當事者的能力所左右（圖 7-2）。

比方說，如果是能夠自行做出判斷、不斷推進工作的成熟團員，那麼把指令的抽象度提高到一定程度，團員也能順利完成工作。如果對這類成熟的團員下達過於詳細的指令，反而有可能剝奪他們的自主性，降低他們的工作表現。

〔圖 7-2〕了解團員，配合其成熟度，調整指令的層級

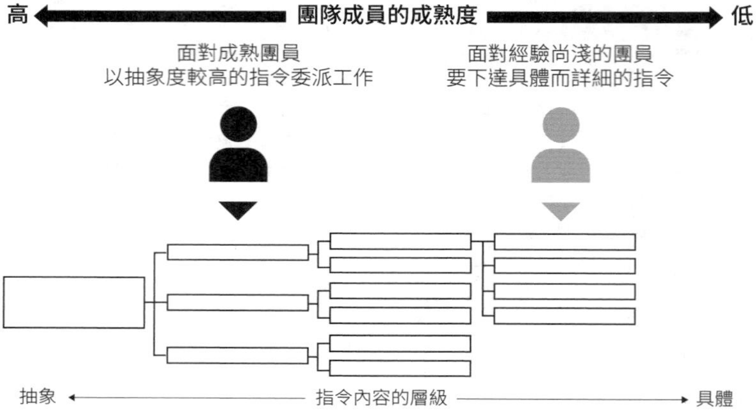
高
團隊成員的成熟度
低
面對成熟團員
以抽象度較高的指令委派工作
面對經驗尚淺的團員
要下達具體而詳細的指令
抽象
指令內容的層級
具體

另一方面，面對經驗尚淺的團員，如果不下達分解得夠細膩的指令，那麼對當事者而言，這項指令就算不上是「可操作」的。有時候，對於一個剛開始工作的新人，甚至需要對詳細的作業流程做出指示，例如事先做好一份調查範本，讓團員只需按照範本填入新的內容即可。

團員的能力不同，指令該有的具體性和詳細度也會有所不同。因此，擬定執行計劃時，不能單憑領導者一廂情願的想法，**對團員能力的理解，也是不可或缺的**。

以「目的－目標－手段」的故事傳達行動，便能動員團隊

行動的指令往往都是在傳達 What（做什麼）和 How（如何做）。不過，如果只有傳達工作的程序，你的團隊遲早將會淪為一群只會聽令行事的作業員。雖然他們能正確地為你辦事，但都是一個口令一個動作，並沒有在自己思考，這樣工作就會失去創意。這樣的團體，整體表現是無法提升的。

那麼動員團隊，除了 What 和 How 以外，還需要傳達什麼？這本書已閱讀到此處的你，應該也察覺到答案了吧？答案就是 Why（為了什麼）。

傳達「Why」，能讓團員理解自己所做的工作，是如何與成果產生連結的。這也是一個好機會，讓團員能覺知到「自己在團隊中的意義」，了解了自己的存在意義，能進而提高他們對工作的動力。

知道「Why」，還能讓團員自主思考，並將工作當成自家的事，而非人家的事。唯有團員理解了工作的「Why」，他們才能自行提出「巧思」或「修正」，像

是「我根據我們的目的，另外加入了〇〇的想法」或「雖然得到△△的指令，但實際執行後，發現了跟目的不合的地方，所以我們要不要改用××的方式代替？」

團隊潛在具有的內在動機和能力，其實是超乎想像的。將其激發出來，是身為領導者的職責。為此，你必須用你自己的話語，明明白白地說出一個Why（為了什麼）—What（做什麼）—How（如何做）的故事。如果只是說出「把那個那樣做好」的馬虎指令，在今後這個重視工作「意義」和「價值」的時代裡，只會讓你的團隊越來越死氣沉沉。

「行動」的實踐步驟

「行動」的計劃具體成形時，策略才能得以執行。策略的重要性無須贅言，但光有策略，只不過是紙上談兵。接下來要介紹的是，把達成目的和目標的手段化作現實中的實務工作，進而推動團隊、組織執行的實踐步驟。

〔步驟二〕用 How（如何做）的提問分解行動

要讓「前線動員得起來」，就需要思考出具體的行動。這時候，根據「判斷」所選出的執行方案是我們的起點。只要讓認知、判斷、行動無縫銜接，就能找出可與目的和目標整合的行動。

想從執行方案中找出可採取什麼行動，我們就要提問：「如何做？」（How）這裡也要從「縱向」和「橫向」兩個角度來分解執行方案，如此便能對行動做出有系統的整理。

「縱向」的分解是，將行動切分成幾個大項目。比方說，執行方案是「建構出蒐集並找出小宗客戶共通需求的體制」，在縱向上，透過「如何做」的提問加以分解，就能分解出下列數個大項目：

- **建構執行體制、部署人力。**
- **設計勤務。**
- **充實支援工具。**

「縱向」的分解是，把各種不同的行動，大致切分成幾個大項目，以此為分類，此時只要退一步問自己：「歸根究柢，到底需要做出什麼樣的應對？」

透過縱向分解，找出行動的大項目後，接著就是進行「橫向」的分解，使這些行為變得可操作。例如，對於「建構執行體制、部署人力」的項目，在橫向上，透過「如何做」的提問加以分解，就能分解出更加具體的行動如下：

- **定義職務與責任。**
- **試算必需工時。**
- **挑選、配置負責者。**

與當初的執行方案相比，應該可以看出行動的項目變得更加具體了。對這些內容進行有系統的整理，就能將行動的全貌繪製成如圖7-3的樹狀圖。

此時，你需要將行動分解到多細膩，是取決於團體成員的能力。參考標準是，

〔圖 7–3〕將執行方案分解成行動以便執行

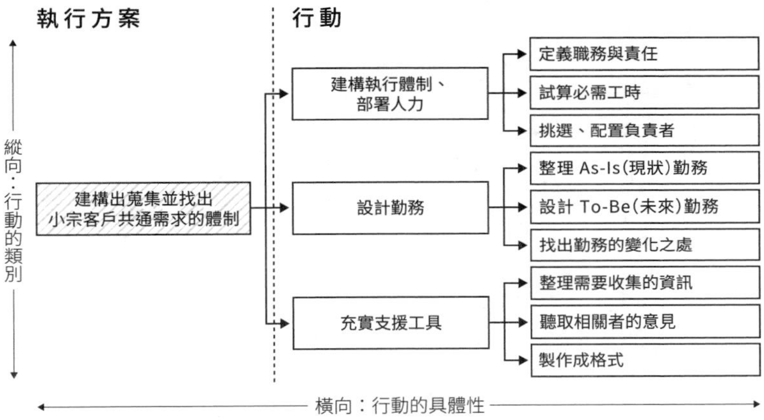

將行動的層級切分到每一個行動只須配置一至數人負責該工作。行動的範疇越大，負責該工作的成員就必須安排越多，每個團員自己該做的事也會變得越模稜兩可。有沒有將行動的大小，具體分解到團員能將其當成自家的事，是十分重要的關鍵。

〔步驟二〕用「目的—目標—手段」的觀點確認連結

如上述般將行動系統性地分解後，關於達成目的和目標的手段，我們就已蒐集到充分的要素了。這時，請先暫停一下，將鏡頭拉遠，確認手段是否確實朝著達成目的和目標前進。因為將執行計劃分解得更具體、更詳細，以汲取出行動時，視線會聚焦在細節上，而容易把計劃的全貌拋諸腦後。

因此，這裡我們必須重新回到「目的—目標—手段」的三層金字塔進行確認。觀察的重點在於，我們所制定的「手段」有沒有連結到「目標、目的」的達成。換句話說，對「手段」提問「為了什麼」的時候，答案必須是「為了對達成目標或目的產生貢獻」，因為創造成果的絕對條件，就是要讓「手段」直接連結到金字塔結構中的上一層。

將手段與目的或目標整合後，我們便能找出能直通成果的行動了。圖7-4所呈現的是其中的部分連結。

〔圖 7-4〕使目的－目標－手段連成一氣，以創造成果而不做白工

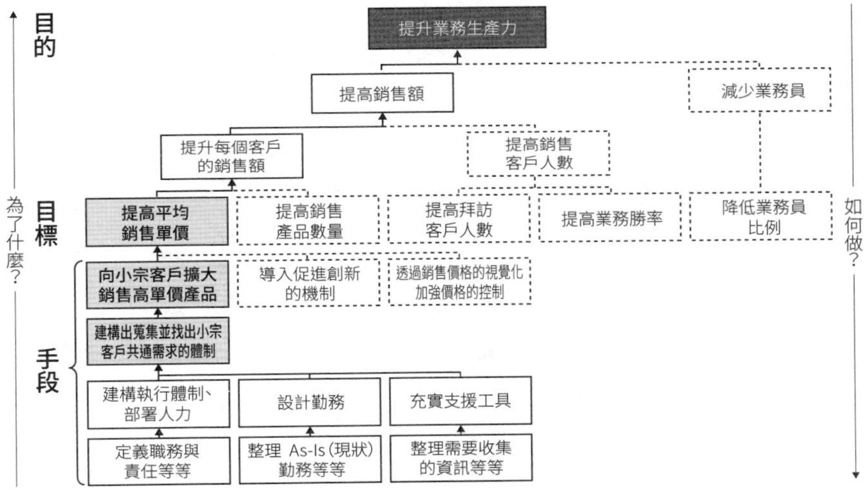

如果在檢視整體連結時，感覺有不暢通之處，那就一定要立刻修正阻塞之處。如果放著無法連結到目的和目標的行動不管，就會造成團員在執行行動時，產生勞力和時間的浪費。在每一層行動的連結上放任阻塞，甚至可以說是對團隊缺乏敬意的行為。因此，一定要讓連結至目的和目標的行動，保持連結的通暢。這是身為團隊領導者的我們，必須確實肩負起的責任。

〔步驟三〕將選定的行動編成行動計劃

行動要用 What（做什麼）和 How（如何做）來整理。此時再加入 When（何時開始、何時結束）的觀點，就能將前面所挑選出的行為，組成一系列的行動計劃 (Action Plan) 了。

這時候有一項便利的工作可以使用，那就是稱為「甘特圖」(Gantt chart) 的計劃表。將系統化的行動縱向排列，再依不同的行動項目，分別根據橫向時間軸加以延伸，使其變成一套計劃。

將前面步驟中挑選出的行動，以甘特圖的形式加以表示，就會如圖7-5。

仔細觀察繪製好的甘特圖，就能發現除了行動的項目及時間軸外，圖表中還畫出了將行動與行動連結起來的箭頭記號。這是用來表示行動之間的**「相依性」**(dependency)，以表示「哪個行動該先執行」、「哪個行動該接在前面的行動之後進行」的前後關係。

以這個例子而言，就是把執行體制的「定義職務與責任」中決定好的內容，

〔圖 7–5〕用甘特圖俯瞰行動的「流程」

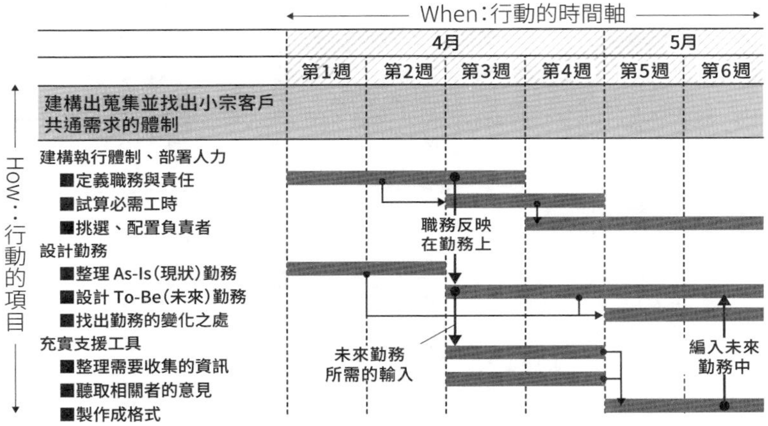

應用在「設計 To-Be（未來）勤務」上，再根據勤務的設計來「整理需要蒐集的資訊」。然後，把為蒐集資料而設計出的「格式」編排進「設計 To-Be（未來）勤務」裡。

但如果只有單純畫出時間軸的線，對實際進行工作的團員而言，就會搞不清該從何下手。如果是像這樣標示出任務之間的相依性，對於該從哪個工作開始著手、下個工作該朝什麼方向進行，都將一目了然。不要讓工作成為許多一次性的任務，要將工作當成一連串的流程，以這種方式向負責的團員們傳達，自然能讓他們執行起來更有動力。

〔步驟四〕將行動「交付」給團隊成員

「What」(做什麼)、「How」(如何做)、「When」(何時) 都整理出來後，行動計劃可以說是已經成形了，但畫龍還須點睛，**最後一步只差加上「Who」(由誰來做)**。

計劃當然要有執行計劃的「人」才能進行。然而，實際工作的時候，卻經常不把「由誰來做」這件事說清楚。

你應該也有過這樣的經驗吧？在會議中，該做的事都整理出來了，卻沒有明確分配該由誰來負責，最後會議就在不清楚「到底誰要來做」的情況下，糊裡糊塗地就結束了。

許多人都不擅於把工作交給某個特定的人，一部分是擔心對方能力不足，另外一個很常聽到的原因是，「把工作交給自己以外的某個人」會令自己對對方產生愧疚感。尤其是剛從實務工作晉升上來的新任領導者，又更是如此。

但將個別職務分派給手下的人，不正是你今後必須恪守的職責嗎？你是否只專注在實務工作，而忽視了身為領導者更重大的使命了？有這方面困擾的你，此時需要學會使用的就是「委派」(Delegation) 的技法。

「委派」是指派任工作、委任權限給其他人，讓大家一起朝著創造成果邁進。把工作交代給某個人，並非在做「壞事」，這麼做對整個團體而言是有益的。因為委派（＝交代工作）可以產生以下價值：

- **被交代工作的團員會將工作當成「自家的事」來做，而變得更有動力。**
- **能透過自行思考，培養出自主解決問題的能力。**
- **「接受到上級派任工作」能讓團員對領導者建立起信賴感。**
- **領導者可以將時間使用在更高難度的工作（做更遠的計劃、處理例外事件、擬定風險對策等等）上。**

即使如此，你可能還是會因為想說「自己做比較快」，而忍不住將下屬的工作「攬在身上」。這時，請你記住這句非洲諺語：

Fast Alone, Far Together.
（一人獨行能走得快，結伴同行走得遠。）

你想要前往的目的地，應該不存在於一步即達的地方。正因為道阻且長，所以必須將工作委託給團隊進行。在細節上吹毛求疵，不是你的使命。我們的使命是整頓團隊的「行動」，讓整個團隊一起抵達理想的目的和目標。請將這一點謹記在心。

案例解方

朝著目的和目標，問自己「如何做」(How)，藉此找出具體的行動。這也是一個具體描繪出每個團員負責什麼職務內容的過程。

這次的案例，我們也可以根據這樣的思考方式，制定出CEO直接指揮的市場調查部隊，應該負責哪些職務內容。希望透過這個案例，你會體驗到即使面對自己不熟悉的事物，只要以目的和目標為本，仔細深入思考，就能逐漸撥雲見日的感受。

首先是整理出我們要採取的方法途徑為何。這次的題目有以下兩個問題：

①市場調查部隊該負責什麼樣的職務內容？

②要建構出什麼樣的執行體制？

從思考的方式來看，只要釐清了第一項的「市場調查部隊負責的職務內容為何」，就能估算出在工作上需要多少工時，接著也能弄清楚需要什麼樣的執行體制。因此，我們就按照這樣的步驟來思考吧。

那麼，第一步就先制定市場調查部隊負責的職務內容。在這之前，我們要先掌握已被告知的目的和目標。目的和目標如下：

・**目的：透過市場調查、競爭對手調查、以及情境分析**(Scenario Analysis)**，以中長期視角來提出建言，並制定出全公司的經營方向。**

・**目標：以每季度一次的頻率，發表一份「經營環境報告書」。**

只要從這樣的目的和目標出發，思考要「如何做」，就能找出具體的職務內容。依照市場調查的流程，我們可以分解出以下四項職務：

・Plan：**制定調查計劃。**
・Input：**蒐集資訊。**
・Process：**撰寫分析報告書。**
・Output：**發布資訊、進行協議。**

大致分解出以上的職務內容後，接著只要透過詢問自己「如何做」，就能找出更具體的行動。於是，我們便可以將具體化的職務內容，繪製成如圖7-6的金字塔結構。

當行動具體化到這個程度時，就可以看出需要多少人力才能完成工作。制定

〔圖 7-6〕組織的職務也能從目的和目標中找出來

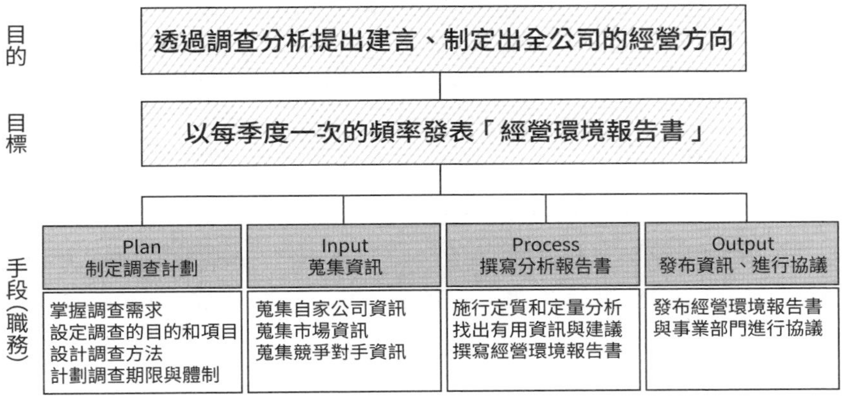

調查計劃，需要高度的判斷能力，所以此項工作由領導者自行負責。關於蒐集資料，則可預估將會需要分別蒐集「自家公司」、「市場」和「競爭對手」的資料。因為工作量會隨著調查的推進而增加，所以為了安全起見，每個類別各由一名成員負責。至於分析報告書的撰寫，就交由蒐集情報的成員兼任。最後，向企業方發布資訊以及進行協議，最好是用自己的話語確實傳達，所以這個部分也是由領導者自己負責。將這些統整起來，就可以知道草創期的執行體制，一共需要四名左右的成員，其中包括領導者。

以這種方式，根據目的和目標，深

〔圖 7-7〕透過組織的勤務看出應建立的體制

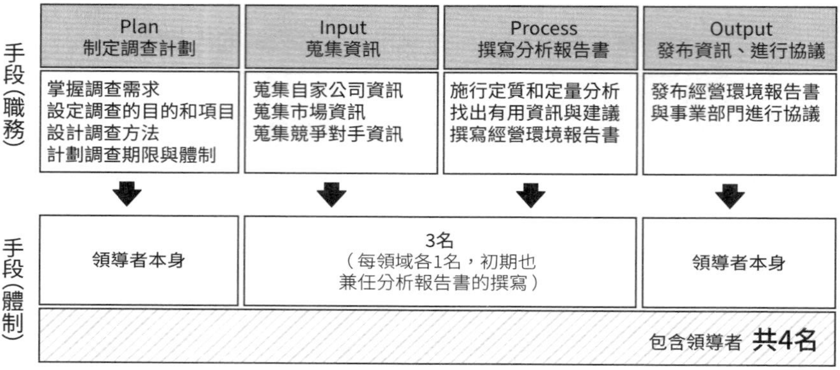

入挖掘手段，就能詳細找出具體須負責的職務內容、行動。接著，還能更進一步設計出達成目的、目標所需的執行體制，並估計出所需參與工作人數。

我想強調的是，**組織追隨的是目的和目標**。組織的存在是為了達成目的和目標。正因如此，組織作為達成目的和目標的手段，其組織設計也必須保持與目的和目標的連貫性。並非只有在執行計劃的制定上，需要符合「目的－目標－手段」的結構；在執行體制的設計上，也需要保持「目的－目標－手段」的連貫性。這是我們可以透過這個案例得到的啟發。

將行動對焦在目的和目標上，是以最小努力獲得最大成果的祕訣

到目前為止，我們學到了把手段化作具體的行動，以及向團隊傳達的技法。在本章的尾聲，我想再次強調關於行動的「正確性」。

在這個變幻莫測的時代裡，我們失去了速限和上限，不停被催促著「還要更多、還要更快」。因為周圍的每個人都異口同聲地這麼說，所以身在如此氛圍中的我們，甚至會如強迫症般地告訴自己：「我非得加緊速度超前不可！」即使是正在推動著勞動方式改革、創造共享價值（Creating Shared Value）以及 ESG（Environment, Social, Governance，環境保護、社會責任和公司治理）的現代社會中，資本主義所呼喊的「還要更多積蓄、還要更快速度」的口號，仍是貫穿了整個社會的基調。

但步伐緩慢不是問題。**真正該害怕的是在迷失目的和目標的情況下倉促前行，**

〔圖 7-8〕為了辨認清楚行動的焦點，暫停工作也是必要之舉

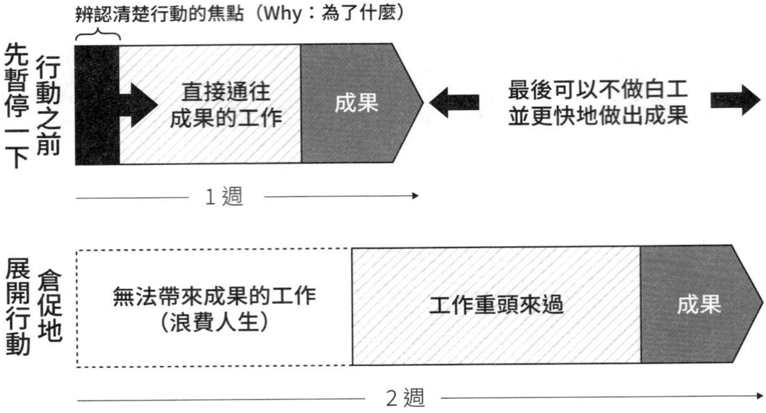
辨認清楚行動的焦點（Why：為了什麼）
行動之前
先暫停一下
直接通往成果的工作
成果
最後可以不做白工
並更快地做出成果
1 週
倉促地
展開行動
無法帶來成果的工作
（浪費人生）
工作重頭來過
成果
2 週

結果把努力用在沒有成果的工作上，浪費了人生中的寶貴時間。

還沒搞清楚方向，就一邊催促著「趕快前進」，一邊急急忙忙地投入眼前的工作，能縮短的也只不過是用來確認目的和目標的那一點時間而已。如果處理的是一件簡單的勤務，說不定著手工作前，花個五分鐘就能確認完畢。

若為了節省這五分鐘，而沒有校準行動焦點，之後工作了一整個禮拜，卻得到上級的一句：「我想要的不是這個。」豈不得不償失？**暫時停下來確認目的的「短短五分鐘」就能對工作整體產生影響**，這一點我們必須謹記在心。為了採取正確的行動，用來確認目的地和大方向的短短五

分鐘，會左右著後續的成果，因此這是「能大幅度產生槓桿作用的時間」。

關鍵是，必須把行動的焦點對準目的和目標。這麼做的影響力，比記住操作電腦的快速鍵之類的技術性改善，要來得大上許多。因此，為了不讓團隊做白工，我們必須積極保有目的意識、目標意識，對於斟酌行動是否正確不能有絲毫的馬虎。能不能讓團隊的行動直接通往成果的創造，能不能讓他們／她們的人生過得更加充實，都將取決於你。

第 8 章

「預測」
事先預測到未來問題
並防範未然的「風險預測法」

前面看過了基本行為中的三項基礎——「認知、判斷、行動」。這些是用來找出「當下」正在發生什麼問題，並加以解決。

接下來要看的「預測」則是從一個不同於「認知、判斷、行動」的時間軸來掌握問題。「預測」是指，事先推測「未來」可能發生的問題，並防範於未然。將解決問題的射程延伸至未來，能讓我們花更少的努力，實現目的和目標。本章要介紹的就是這種將目光投向未來的技法，這可說是一種解決問題的應用技術。

案例研究

事先提出方案，讓新進員工能立刻成為公司的戰力

你是一個擁有三名下屬的課長，目前正在規劃明年度的事業計劃。你的其中一名下屬是今年四月才剛剛進入公司的新進職員中村。完成公司內培訓到現在，他只有短短數月的實務工作經驗。在這之前，你都是讓他跟在前輩身旁學習，但現在事業計劃的報告期限迫近，撰寫報告書的人手不足。因此，你將一件工作交付給中村。

你讓中村負責的工作是，整理該事業的產品銷售數據和利潤數據，將其繪製成以成長率和利潤率作為兩軸的矩陣圖，並製作成資料文件。目的是將這份資料當成經營判斷的參考，藉此看出明年度該主打哪些產品、該加強哪些部分。考慮到提交報告書的期限，這份資料必須在三天之內完成。

這是一項既重要又有限期的工作，交給一個尚不熟悉工作的菜鳥，可以預料到工作過程中一定會碰到各種挫折和問題。於是，你為了讓中村把自己的能力發揮到最大，而打算先為他預設工作中可能發生哪些挫折，並且防範於未然。

你覺得中村可能會面臨到的問題有哪些？

對於這些問題，你又可以用什麼方式來預防呢？

「在問題發生前未雨綢繆」是解決問題的大絕招

如果你問我解決問題最有效率的方法是什麼，那麼我會回答：「在那個問題發生前，就將問題消弭於無形。」因為問題一旦浮出表面，就會產生負面的連鎖效應，引發二次災害、三次災害，影響不斷擴大，解決問題所需耗費的勞力也會越來越大。

事前推測出有哪些潛在問題會對達成目的和目標產生威脅，並且防範於未然——這就是「預測」。這樣的預測為何重要？

這是因為「問題會隨著時間而成長」。我們可以從圖8-1的例子，看到問題逐步成長的過程。

當問題只是一顆「種子」時，還不會產生任何影響。菸蒂上的火只要放在菸灰缸中捻熄即可。只要用單手將種子捏爛，就能只透過一個小小動作，就把之後

〔圖 8-1〕重大的問題只要仍是一顆「種子」就能輕鬆解決

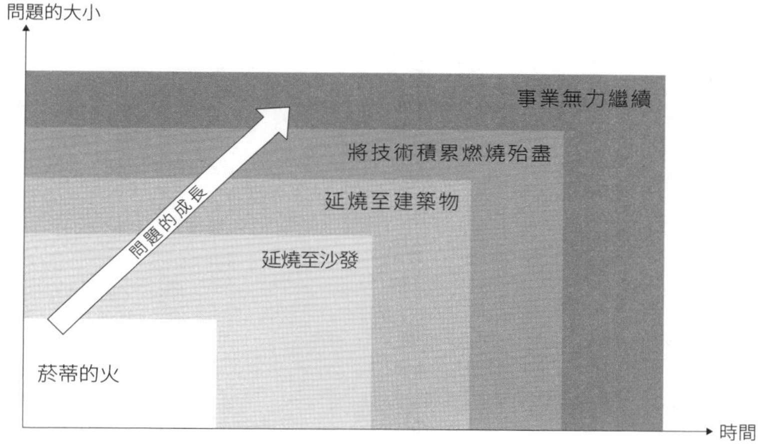

可能發生的重大問題一掃而空。

但若放任這個「種子」不管，會發生什麼事？問題的種子會一邊擴大對四周的影響，一邊大大「成長」成更加嚴重的事態。菸蒂上的火說不定會延燒到沙發上，再燃燒到建築物，甚至將長久積蓄下來的技術積累都燃燒殆盡。說不定會失去事業營運上的競爭力核心，使事業無力繼續下去。事態演變至此，就不再是單手可以解決的問題了。

在問題的種子萌芽前就加以處理，這正是解決問題的祕訣。如此一來，就能以微小的勞力，解決掉未來可能發生的重大問題。從這個角度來看，「預測」是一種生產力極高的行為，這也正是我們需要學習「預測」技法的緣故。

領導者的職責，不只是解決當下正在前線發生的問題而已。領導者要預測未來的威脅，在問題萌芽之前將其摘除，以防前線工作者在達成目的和目標的道路上遇到阻礙。像這樣將經營管理的射程，伸展到未來，就是「預測」這項基本行為在做的事。

目的與風險是「光與影」的關係

未來可能發生的潛在問題或威脅——我們已經知道它的稱呼了，那就是「風險」。如何預判風險，就是「預測」最重要的部分。既然如此，我們就必須先知道風險發生的機制為何。

風險是如何發生的？

這個問題的答案就藏在「風險的定義」裡。關於風險管理的國際標準規定 ISO Guide 73, Risk Management-Vocabulary，將風險定義如下：

effect of uncertainty on objectives

（不確定性對目的的影響）

在風險的定義裡，出現了「目的」一詞。閱讀本書至此的你，一聽到「目的」應該會立刻做出敏銳的反應。沒錯，風險就是會對目的產生影響的事物、會阻礙目的達成的事物。因此，**風險是宛如「朝著目的聚集」般發生的**。

這是怎麼回事呢？舉例來說，「掉落在家中地板上的鈕扣型電池」對你來說是一個風險嗎？鈕扣型電池只要撿起來放好就好，看起來並不會構成太大的威脅。

但你現在若有一個「讓生下來的小孩健康長大」的目的，又會如何呢？這個鈕扣型電池立刻會對這個目的造成風險（＝小孩子誤食而產生的健康問題）。因為你有一個想要達成的目的，所以看起來再稀鬆平常的事，都有可能變成風險。

反之，如果這個目的不存在，掉落的鈕扣型電池就不會構成太大的威脅。說來諷刺，就是因為有目的，才會產生風險。要建立起一個大型的事業之所以困難，就是因為當目的越龐大時，阻礙目的達成的風險也會跟著擴大。如果目的是照亮未來的「光」，那風險就是阻礙目的達成的「影」。**目的與風險就如同「光與影」的關係，兩者是不可分割的。**只要我們存在這個世上，就無法改變這個悲哀的事實。因此，在這本以目的為主題的書中，就不可能不談到風險。

目的（旅行）－手段（車）－風險（沒油）的結構

前面談到，風險是會對目的產生影響的事物。既然如此，我們就需要知道如何才能不讓風險對目的造成影響。在這之前，讓我們針對「風險循著何種途徑對目的造成影響」的機制，提高解析度，更近距離地深入理解。深入理解事物的運作機制，能讓我們得到本質性的解決方案，而非只是一次性的處理技術。

那麼，風險對目的造成影響的途徑是什麼？

這個途徑我們早就已經知道了，那就是「目的—目標—手段」。在這個途徑中，達成目的是以向上運動的方式，依循著「目的↑目標↑手段」的方向完成。若將這個途徑看成因果關係，那麼位於基底的「手段」，就成了達成目的和目標的根本原因。

風險是圍繞著根本原因的「手段」，朝著目的、目標的達成向上蛀蝕。當手段因為風險的纏繞而變得破敗不堪後，就會連鎖性地對「目的↑目標」的達成形成阻礙。

我們不妨用生活中的例子來理解。比方說，你想要「離開居住地，到觀光地優哉游哉地享受觀光樂趣」（＝目的）。於是，你為了讓自己有充分的時間觀光，便計劃「在早上九點前抵達目的地」（＝目標），並且選擇了開車前往目的地（＝手段）。

一旦你做出這樣的決定，風險就會朝著「開車前往」這項「手段」「蜂擁而來」。「沒油」、「爆胎」、「道路施工導致無法通行」、「車禍造成汽車損壞」——這

〔圖 8-2〕風險圍繞著手段，威脅到目的和目標

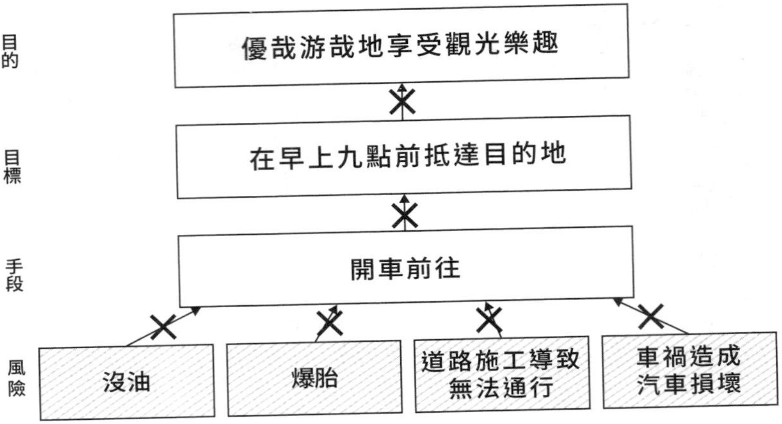

些全都與汽車有關，也就是風險是圍繞著「手段」而發生。而這些風險不但會對「早上九點前到達目的地」的目標達成造成影響，還會對「優哉游哉地享受觀光樂趣」的「目的」形成威脅（圖8-2）。

由此可知，**風險是伴隨「目的」而出現，糾纏著「手段」而對目的和目標的達成產生影響**。這就是風險的生成與造成影響的機制。

既然如此，那我們只要著眼於手段，便能預判風險。「會存在什麼樣的風險？」這並不是一個好的提問。這種提問方式太漫無邊際，可能性過於廣泛，只會讓我們在預判風險時無法順利對

焦。正確的提問方式應該是：

「對〇〇的目的和手段來說，風險是什麼？」

只要回想一下風險的生成與造成影響的機制，應該就能更深入地理解此刻我們提出這個問題的含意。

風險的影響力取決於「威脅度」與「脆弱性」

另一方面，當我們找出風險後，必須對「所有」風險都祭出對策加以防範嗎？對所有風險都未雨綢繆地加以根絕，當然是最理想的做法，但在經營資源有限的現實商業行為中，可不能這麼做。既然如此，那我們就有必要仿效挑選該解決的問題，選出哪些風險該優先防範，哪些風險可以放在次後。

防範風險的優先順序，又該如何判斷？

其中一個重要的觀察角度是「重量」，也就是對目的或目標的**影響力（影響程度）**大小。如果風險一旦發生，就會大大阻撓目的和目標的達成，那麼這項風險需要防範的優先度當然就會提高。到此為止都跟第5章（認知）中所提到的「重量」，觀念是相同的。

不過，在評估風險的影響力時，還需要加入一項特殊的觀察角度，那就是**「承受者的脆弱性」**。

這是怎麼回事？讓我們用一個例子來了解。

比方說，有一種電腦病毒會侵入電腦，消除所有資料，而且無法復原。一旦遭受病毒感染，電腦內的紀錄就會全部化為烏有，從這一點來看，這種病毒本身的威脅度極高。

雖說如此，並不一定表示感染病毒的影響力也很大。因為我們還沒有把承受者的脆弱性考慮進去。比方說，如果透過程式更新就能預防病毒感染，也就是說電腦的脆弱性可以被排除的話，病毒帶來的影響力就會隨之縮小。

〔圖8-3〕風險實際產生的影響，會根據承受者的「脆弱性」而有不同

風險的影響力	＝	威脅度	×	脆弱性
風險實際帶來的影響		風險本身的「棘手程度」		承受者的「脆弱程度」

我們反而該特別注意另一種狀況：風險的威脅度看起來很低，但承受者十分脆弱。牙籤對大人來說不會造成任何威脅，但對什麼都會往嘴裡放的幼兒來說，就有可能造成嚴重的後果。**風險的「重量」（影響力）並非單單取決於風險本身的「威脅度」，我們還得加入承受者的「脆弱性」（或者頑強性），這兩個觀察角度搭配起來，才能決定風險的「重量」（影響力）**（圖8-3）。

不過，單靠「重量」（影響力）這項標準，仍無法決定風險的優先順序。以「隕石群直接撞向總公司」來說，這件事的威脅度極高，我們對此也無比脆弱，但應該沒有人會耗費龐大的經營資源去防範這個風險吧。這是因為，評估風險時還必須看另一個標準。關於這個標準，會在接下來的實踐步驟中說明。

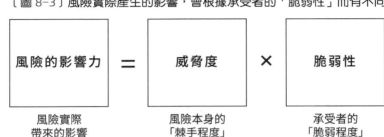

「預測」的實踐步驟

預測是事先推測尚未發生的未來問題。眼前的現實並沒有任何問題發生，此時想要檢討又缺乏頭緒，因此我們才會這麼需要循著「套路」來思考。現在就來看看事先推測出風險並防範於未然的實踐步驟。

〔步驟一〕整理達成目的和目標的必要手段

要赤手空拳揪出眼前並未發生的問題，絕非易事。為了揪出風險，首先我們需要找到「抓手」（掌握得住的地方）。正如先前所述，風險是圍繞著「手段」產生影響，其影響會一路波及到目的和目標。但換一個角度來看，「手段」就成了能幫助我們找出風險的抓手。

那我們該如何找出這些「手段」呢？前面我們已經學過了「目的－目標－手段」的金字塔結構，以及「認知－判斷－行動」的技法，所以這裡就避開重複的

〔圖 8-4〕透過「活動流」查出所有活動，進而找到風險發生的位置

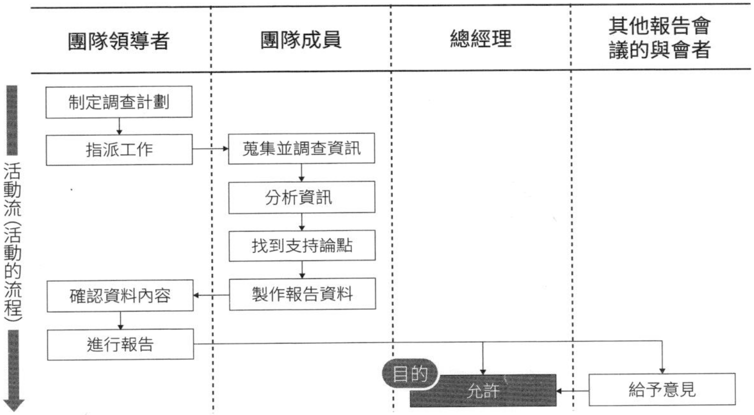

內容，另外介紹一個有別於「金字塔」的思考方式。

關鍵字是「流」(Flow)。將連結至達成目的、達成目標的一連串「活動的流程」加以整理，就能將其中每個個別的活動，都看成是對目的、對目標的「手段」。舉例來說，如果目的是「對總經理進行調查報告，獲得繼續發展新事業的允許」，那就能繪製出如圖8-4的活動流。這張圖表中的每一項活動，都能看成是達成目的的必要手段。

繪製活動流的重點是，要在腦海中「清晰地」建構出從起點到終點的流程，

使其從頭連貫到尾，途中毫無間斷。查出的每一項活動都各自是達成其目的或目標的手段，同時也是我們應該視為潛在風險的「溫床」並多加留意的部分。因此，只要漏掉了某個活動，對於該活動的風險探討也會被漏掉。

無論是用「金字塔」或是用「活動流」的方式進行整理，我們要做的都是獲得事先推測出風險的「抓手」。在我們急著進入風險的探討之前，像這樣整理出風險發生位置（Where）的前置工作，是缺之不可的。

〔步驟二〕找出手段的風險

透過步驟一整理出風險發生位置後，接下來就是要針對這些位置，找出具體的風險。此處我們需要的切入點是提問：**「關於〇〇（手段）的風險是什麼？」**

用前面的例子來說明（圖8-5）。在步驟一，我們整理出了「獲得總經理對繼續發展新事業的允許」為止的活動流程。要從這一系列流程中找出所有風險，就要

〔圖 8-5〕針對達成目的的「手段」找出所有風險

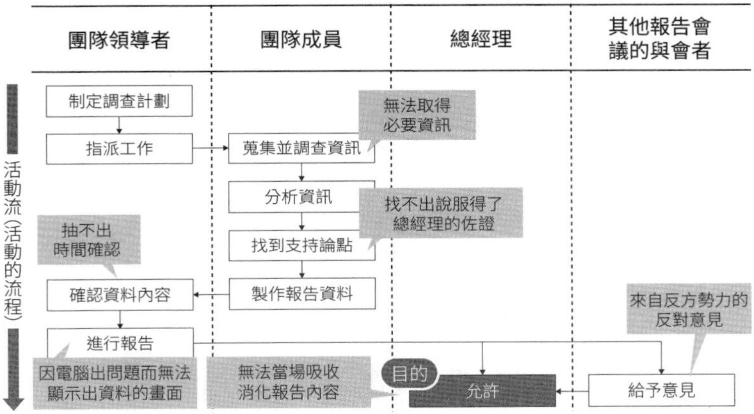

著眼於每個活動，逐一思考未來是否存在阻礙這些活動的威脅。

比方說，執行「蒐集並調查資訊」的活動之際，有可能無法完整蒐集到所有需要分析的資訊。再者，「找到支持論點」之際，也說不定以現有的團員的力量，無法歸納出一個能打動管理層的結論。此外，報告會議中，總經理以外的與會者「給予意見」之際，也有可能因為出現負面意見，而阻礙了總經理的允許。我們要做的就是，像這樣以各個活動為基點，逐一描繪出每個活動可能遇到什麼樣的風險。

如何才能一個不漏地找出這些風

險呢？

既然風險與未來的不確定性有關，那麼要找出所有風險，就必須具備足夠的邏輯推理和想像力，讓自己看見現在還無法看見的未來。要靠自己一個人將所有風險一網打盡，當然很困難，因此我們可以用以下的方法來彌補遺漏之處。

・採用他人的不同觀點和意見

↓利用訪談、問卷調查等方式，向專家學者、過去有相關經驗的人，或專業、職務與自己不同的人，蒐集關於風險的意見，得到自己所沒有的觀察視角。

・參考現有的知識

↓確認自家公司或其他同業公司中有沒有風險案例的相關紀錄。或者，參考由第三方認證機構所發行的風險管理相關文件或公開報告。

探討風險，就是在探討眼前的現實中尚未發生的未來問題。思考這種看不見也摸不著的風險，雖然十分困難，但只要起點的「手段」夠明確，再透過參考他人的視角、現有的知識，就能確實地將風險一一找出。

〔步驟三〕用「風險矩陣」找出該處理的風險

該不該對所有找出的風險都祭出對策，防範於未然呢？在經營資源有限的實務工作中，答案是NO。因此，我們必須評估風險的優先順序，知道哪些風險該優先，哪些風險該放在次後。

那麼，我們該用什麼樣的評量標準來評估風險的優先順序？

評估風險的標準有二，其中一個是風險的「重量」，也就是影響力，這個前面我們已經談過。那麼，另一個評估風險的標準是什麼？

那就是風險發生的「可能性」，也可以稱之為風險的「發生機率」。如果察覺到一項風險，而這項風險未來絕對會發生的話，處理這項風險的優先度當然會提高。反之，一項風險的影響力大，但發生機率極低的話，那麼不做任何防範措施也是選項之一。一般的商業行為中不會去處理被隕石群撞擊的風險，就是因為它的發生機率極低，處理起來不符合成本效益。

在實務工作上，我們該如何估算風險的「發生機率」？關於機率的以下兩種思考方式，就是我們進行估算時的根據。

・客觀機率……利用數學理論和統計數據計算出的機率。
（例：丟硬幣出現正面的機率、降雨機率、不良品的發生率）
・主觀機率……根據人的主觀判斷和信念設定出的機率。
（例：向心儀對象告白的成功機率、總經理允許的機率、新事業成功的機率）

風險的發生機率如果可以客觀計算出來的話，那當然再好不過。然而，絕大部分的情況下，我們不可能具備足夠的數據和計算資源，算出所有風險的發生機率。而且事實上，沒有人知道風險會以多大的可能性發生的「真正機率」。

但正因如此，組織的判斷能力就顯得十分重要了，因為這是競爭力的差異之所在。當時，連執行火箭發射計劃的ＮＡＳＡ，在設定機體破損機率時，都因為

〔圖 8-6〕設定好主觀機率的基準，有助於達成共識

發生機率	設定主觀機率的切入角度：次數的頻率	期間內的頻率	定質的可能性
高	幾乎每次都會發生	一個月發生一次	絕對會發生或發生的可能性很高
中	大約每二次發生一次	大約半年發生一次	發生的可能性一半一半
低	每十次可能才發生一次	每年可能才發生一次	發生的可能性很低或幾乎不會發生

以前從來沒有發射火箭的相關數據，而召集了組織內外的專家學者，「主觀性地」定出了機率。**正因為沒有完整的資訊，所以才需要透過人的「意思」來做決策，判斷的本質就是以人的主觀為根基。**這一點是我們必須了解的。

因此，根據主觀機率做出的判斷，我們可以無所畏懼地加以使用（圖 8-6）。

現實中，在實務工作上估算發生機率時，只要先從下列角度，以「從高到低」的基準，定出發生機率即可。

・次數的頻率……以每幾次會發生一次的頻率發生？

〔圖 8-7〕用影響力×發生機率找出該處理的風險

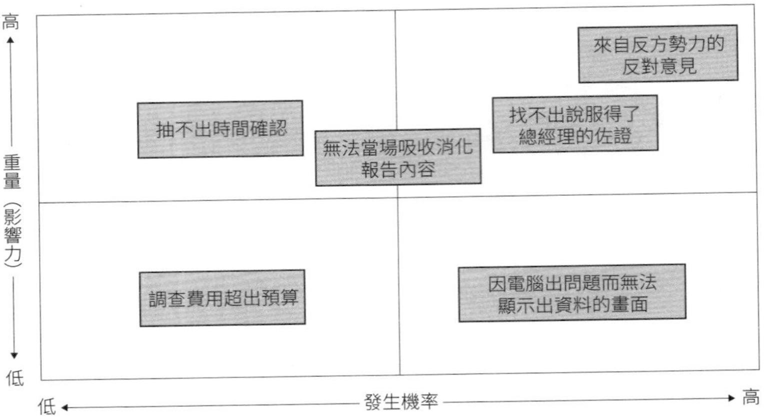

・期間內的頻率……以每幾年會發生多少次的頻率發生？

・定質的可能性……大致上以什麼程度的可能性發生？

重點在於，正因為主觀機率容易發生意見分歧，所以要事先準備好「共通的基準」。當我們說「這項風險的發生機率很高」時，說不定有人覺得百分之三十就是發生機率很高，另一些人則覺得百分之八十以上才稱得上高機率。透過共通基準消弭這種認知上的偏誤，就能讓大家對於發生機率更順利地達成共識。

這樣一來，我們所需要的兩個標準

軸──「影響力」和「發生機率」──都備齊了。現在就能將這兩個項目交叉相乘，製作出**「風險矩陣」**（圖8-7），在平面上繪製出風險，我們就能透過視覺直觀看出「哪些風險該優先防範，哪些風險該放在次後」。藉此我們就能判斷，該將經營資源優先分配在哪些符合成本效益的風險上。

〔步驟四〕為風險制定對策──減輕、迴避、轉移、接納

找出該處理的風險，最後就是要針對這些風險，思考防範於未然的對策了。在思考風險對策時，有四個有用的切入角度，那就是**「減輕」**、**「迴避」**、**「轉移」**和**「接納」**。

這四種方式中，只有「接納」跟其他有些不同（圖8-8）。其他三種是直接處理風險，而「接納」簡單講就是「目前不做任何應對」。有些風險是耗費經營資源處理，就會不符合成本效益。此外，有的時候刻意冒風險去做，反而可以期待更大的收穫。這種時候，（至少在那個時間點）「接納」風險就可以被視為正當。

〔圖 8-8〕風險對策有四個切入角度

風險對策的四個切入角度		對策範例
減輕	降低風險的發生機率 縮小風險實際發生時的影響	接種傳染病的疫苗 幫數據資料做備份
迴避	讓風險不會發生 調整成即使風險發生了也不會受到影響的狀態	取消新事業的開發 轉移到不會被海嘯波及的地區
轉移	跟眾多對象分享風險，讓風險被分散 讓第三者來承擔風險	買保險 將工作外包給其他公司
接納	接納風險，不做出特定的處理	冒風險的好處更大，所以接納風險 因為不符合成本效益而不處理風險

讓我們用這些方法來思考前面例子中找出的風險對策。使用直接因應的對策時，就是根據「減輕」、「迴避」、「轉移」的切入角度一項一項思考（圖8-9）。

以「來自反方勢力的反對意見」的風險為例，若是「減輕」風險，則可以跟關係者進行事前溝通，以降低被提出反對意見的可能性。再來，還可以從一開始就設定成和總經理一對一的報告會議，這麼一來，就能「迴避」掉反對意見。另外，藉由增加周圍的贊同者，讓反對意見出現時的攻擊對象「轉移」到他人身上，也是一個方法。

其他風險也同樣以這些切入角度為

〔圖8-9〕以「減輕」、「迴避」、「轉移」的切入視角防範於未然

風險對策的切入角度	該優先處理的風險：來自反方勢力的反對意見	無法找出說服得了總經理的資訊	總經理無法當場吸收消化報告內容
減輕	跟關係者進行事前溝通	經常性地提出反饋和建議	在三天前就事先將資料連同確認事項提交給總經理
迴避	以一對一報告的方式來尋求總經理的決策	自己思考說服的方式，而不將此任務交付團員	取消對總經理的報告
轉移	增加周圍支持事業案的贊同者	委託經營管理顧問公司	向其他有發言權和影響力的人尋求意見

準，就比較容易思考出具體對策了。

對風險未雨綢繆，意味著緩解無法達成目的或目標的風險。換句話說，就是能提高這項工作的「韌性」（Resilience，對不測之禍的適應能力）。領導者的職責並非只有為解決眼前的課題而奔走，還要把未來可能發生的問題也納入關注範圍，建立起能抵禦不確定性的頑強體制。這是優秀的領導者必須達成的使命。

案例解方

現在就用我們所學到的「預測」技法

來思考本章開頭的案例吧。你將賦予中村的任務是製作事業計劃的資料文件，你該如何找出這項任務的風險並思考出其對策？

我在前面說過，有了目的，才會發生風險；風險是朝著達成目的的手段聚集而來的。既然如此，我們第一步的思考方式，就是整理出中村完成成品需要用到哪些手段。說得更具體一點，那就是把完成資料的步驟書寫出來。只要這些步驟能順暢地進行下去，中村就能整理出最終成品，順利達成目的。

①把握對象產品的範圍。
②蒐集各項產品的成長率與利潤率。
③用 Excel 將數據製成圖表。
④將報告資料整理成投影片。

當我們在闡述風險時，總是會說那是「關於〇〇的風險」。在這次的案例中，要套入〇〇的就是上述的四個步驟。所以我們只要分別針對各個步驟，思考會有

〔圖 8-10〕配合當事人的能力（脆弱性）找出風險

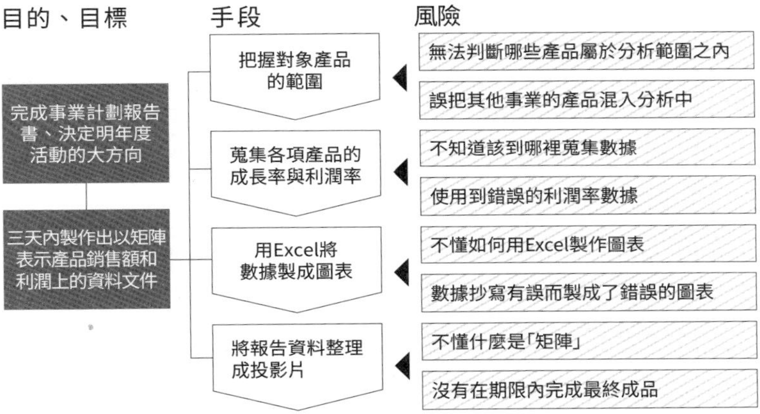

哪些妨礙步驟進行的風險要素即可。風險的威脅度是相對於承受者的「脆弱性」來決定，因此關鍵是要站在「對身為新人的中村而言的」風險的角度來想像。

比方說，蒐集數據時，中村可能不知道該去公司內部網路的哪裡蒐集數據，又或是，「利潤率」一詞看似簡單，其實又分成銷售總利潤率（毛利率）、邊際利潤率、營業利潤率，種類五花八門，所以他有可能參考到錯誤的利潤數據。像這樣思考「對當事人而言，每個手段（步驟）中的風險是什麼」，就能找出風險（圖8-10）。

找出風險後，就能思考具體對策。風

險對策的四個基本切入角度是「減輕」、「迴避」、「轉移」和「接納」。需要處理的風險，要用「減輕」、「迴避」、「轉移」來因應；影響度低和發生可能性低的風險，就選擇「接納」。

尤其，這次要製作的報告書十分重要，事關明年度事業活動大方向，又有繳交期限。這麼看來，你就必須避免數據分析的錯誤，風險的因應也不容延遲。因此，哪些是該優先處理的風險，自然就浮出水面了。此時，「先行提供連結，告訴他可以在哪裡蒐集數據」、「讓上級團隊成員進行複查」等對策就變得十分重要，來不及趕上期限時，領導者可能也需要親自參與工作（圖8-11）。

祭出這些防範於未然的對策，意義就在於，趁問題尚未顯化，就先將其消弭於無形，進而節省未來可能需要耗費的龐大勞力。如果發生數據抄寫錯誤，到時就不得不動用整個團隊的力量，一同去確認其他地方是否也有錯誤。這樣還算事小，如果錯誤的數據被拿去當作經營判斷的依據，結果造成損失的話，屆時挽救損失所需付出的勞力，可就難以估量了。相較之下，花在複查上的勞力，不過是九牛一毛而已。

〔圖 8-11〕為影響度大的風險優先思考對策

風險		根據四項切入角度建立起的對策
無法判斷哪些產品屬於分析範圍之內	接納	因為這幾個月都在教導他公司產品的相關資訊，所以不處理
誤把其他事業的產品混入分析中	接納	其他事業因為事業領域不同，所以混淆的可能性很低
不知道該到哪裡蒐集數據	迴避	先行提供可以在哪裡蒐集數據的連結
使用到錯誤的利潤率數據	迴避	明確指示要使用「銷售總利潤率」的數據
不懂如何用Excel製作圖表	接納	應該在公司培訓中學習過，所以不做事前處理
數據抄寫有誤而製成了錯誤的圖表	減輕	讓上級團隊成員進行複查
不懂什麼是「矩陣」	接納	因為有提供過去的資料樣式，所以他應該知道
沒有在期限內完成最終成品	轉移	讓他每天提交進度報告，發現時間來不及時，就親自動手做

只要使用防範於未然的對策，事先將風險消除，就能讓我們付出微小的勞力，解決潛在性的巨大問題。當我們越是在事前推測出風險，並準備好因應對策，就越能提高團隊的韌性，使團隊建立起能因應各種困境的頑強體制。特別是遇到沒有經驗的團員，能不能讓他們透過實戰，逐步化經驗為戰力，正是取決於領導者的預測手腕。

做最壞的打算，抱最大的希望

沒有人會樂於想像進行不順的狀況，誰都會想抱持一個樂天的心情，想著一切都會一帆風順，船到橋頭自然直。

但如果因為樂觀過了頭，而疏忽或輕視了本該應對的風險，造成風險成真時，就有可能受到嚴重的影響。「負面情況雖然會發生，但會發生在自己身上的可能性太低。」會這麼想，是人類與生俱來的天性，這被稱為**「僥倖心理」**(Optimism Bias)。

我們人在面對事物時，天生存在著「偏見」(Bias)。但更重要的是，要先去承認我們有偏見，並將其導正。在找出所有風險的過程中，要克服不敢去面對自己討厭的事物的軟弱心態，用冷靜的頭腦，理性地找出所有客觀可能的威脅。這種時候，心態悲觀一點點，反而剛剛好。

但同時，並不是凡事都抱持悲觀態度就好。一天到晚想著負面情況，最後就會因為各種風險沒完沒了，而寸步難行。不僅如此，如果領導者成天露出愁雲慘霧的表情，也會讓團隊變得士氣低落。最好是在設想好風險之後，就爽快地切換成樂觀模式。接下來，就對未來的最佳狀況抱著樂觀的期待，以鼓舞團隊的士氣。

古人就曾經很有智慧地用下面這句話形容過這種做法：

Plan for the worst, hope for the best.

（做最壞的打算，抱最大的希望。）

重要的是，你要同時具有對情況做最壞打算的「沉著冷靜的眼光」，以及對結果抱最大希望的「閃閃發光的眼神」。你要讓這兩種相反的特質，在自己身上毫不衝突地同時成立，並根據不同的局面使用不同的特質。這可以讓一個領導者在未來前進的路上，守護團隊、鼓舞團隊，並領導眾人走向成功。

成為擁有這種人格底蘊的領導者，是我們的理想目標。

第 9 章

「學習」
從已知了解未知的「槓桿學習法」

在看過認知、判斷、行動，以及預測後，現在終於來到五項基本行為的最後一項了。

「學習」──它在基本行為中具有十分特別的地位。其他基本行為都是找出問題並試圖解決，但「學習」卻是在提升基本行為本身。「學習」是讓我們成為高效人士的關鍵，因此就讓我們透過本章來解開其核心意義。

案例研究

第一次手下有下屬，該如何培育？

你因為以往的表現受到肯定，所以這次升格成小組領導者，在你的部門內擁有一支自己的團隊。下週起，將會有兩名成員被指派成為你直接管理的下屬。

新來的團隊成員們工作經歷尚淺，但只要他們今後持續成長，就一定能成為往後工作上的重大助力。當團員們培養出能力，能獨自作業後，相信一定有機會為你們開拓出更多新的工作。最重要的是，這是你成為社會人士後第一次擁有下屬，所以你想好好培育他們。

另一方面，這次是你第一次當上小組領導者。以前從來不曾擁有過或教育過下屬。雖說如此，如果以目前這種茫無頭緒的狀態迎接下週，一切聽其自然的話，你擔心自己會沒有辦法好好培育他們。因此，你決定試著思考一下，需要具備什麼條件，才能好好培育即將前來的下屬們。

為了讓你的下屬能在今後成長茁壯，你究竟需要做好哪些準備？

「學習」的本質在於「轉用」

我們每天都在「學習」著某些事情。

閱讀工作相關書籍，聆聽前輩建言，瀏覽如何提高生活效率的網路文章，我們時時刻刻都在習得某些知識。若要問這麼做「為了什麼」，不管是關於工作，還是關於日常生活，都一定是為了讓未來變得比現在「更好」。

而在這種「學習」歷程中，我們究竟做了什麼事？

簡單來說，「學習」的本質是「轉用」。將過去學到的知識模式化，應用在新問題上，也就是「對既有的知識施以槓桿」。這正是「學習」的本質。

「學習」的本質不是記住某個內容，將其流暢地背誦出來。這不是「學習」，而是單純的重複行為。「學習」是從具體經驗中，找出共通的普遍原則，也就是找出模式，並試著將其套用在新的場景中。透過轉用過去學到的知識來讓成果得到提升，這正是「學習」的意義。能巧妙地對既有知識施以槓桿的人，就會受到讚

〔圖 9-1〕「學習」分成兩種

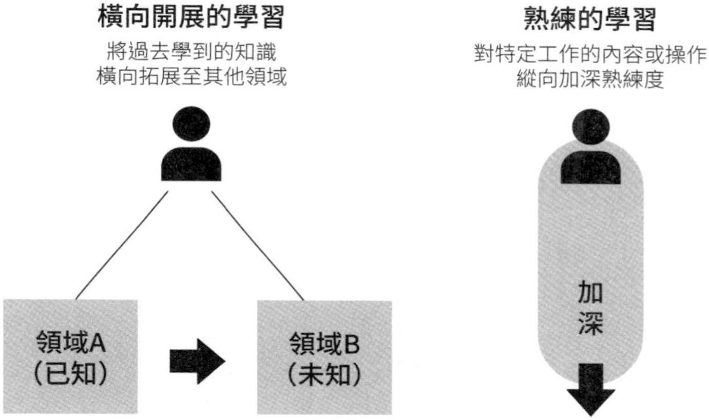
橫向開展的學習
將過去學到的知識
橫向拓展至其他領域
領域A
（已知）
領域B
（未知）
熟練的學習
對特定工作的內容或操作
縱向加深熟練度
加
深

美說：「那個人的學習能力真好。」

「熟練的學習」和「橫向開展的學習」

其實「學習」分成兩種。哪兩種呢？（圖 9-1）

一種是**「熟練的學習」**。這種學習是對於特定工作的內容或操作，加深其熟練度。「經驗曲線效應」在講的就是這種學習，當我們累積越多經驗時，處理課題的效率就能向上提升。例如，累積商談的次數，藉以提高銷售技能；在 Excel 的培訓中，學習相關係數的使用方法；透過英語會話課，提高說英語的能力。這些學習全都是透過在特定的工作或操作中累積經驗，以提升在這項工作或操作上（但不限於此）的能力。

而另一種「學習」則是**「橫向開展的學習」**。也就是將自己在某個領域中學到的知識，轉用在目前正在從事的其他新領域中（施以槓桿）。舉例來說，預備成為領導者的儲備幹部們被問到：「領導者的任務是什麼？」這時他們恐怕很難立刻做出回答。但如果我們將關於「開車」的既有知識，轉用在這個問題上，就能找到如何回答的線索。例如：領導者的任務是在團隊中擔任「油門」、「煞車」、「方向盤」的角色。

這兩種「學習」，**領導者需要刻意習得的，就是「橫向開展的學習」**。因為領導者被賦予的工作，常常超越了既有工作的範疇，像是從事組織過去未曾從事過的「新主題」，處理下屬不知如何應付的「計劃外的例外事件」等等。

再者，只要平日踏踏實實地工作，自然能增進「熟練的學習」，也就是說，不必特別做什麼也能讓能力逐步提升。反之，要得到「橫向開展的學習」，則必須先掌握一些用腦上的訣竅。因此，我們才需要特別有意識地去從事這方面的學習。

專心致力於累積經驗次數、讓工作越來越熟練，這在工作上當然也十分重要。但另外一方面，為了能巧妙處理乍看之下沒有經驗的事，就必須知道如何將過去學到的知識橫向開展的用腦技巧。而接下來要介紹的就是，不同於純粹累積經驗的學習之道。

將學習橫向開展的關鍵是「抽象化」

那麼，要如何做到學習的橫向開展呢？

其核心關鍵就是，**將橫向開展的起點和終點視作「相同之物」**。

這是什麼意思？讓我們透過以下例子來理解（圖 9-2）。

雖然這個問題有些唐突，但你知道「ㄕㄜˋ　ㄓˋ」是什麼嗎？你對這東西恐怕從

〔圖 9-2〕將「不知道的事物」抽象化，藉此連結到「已知道的事物」

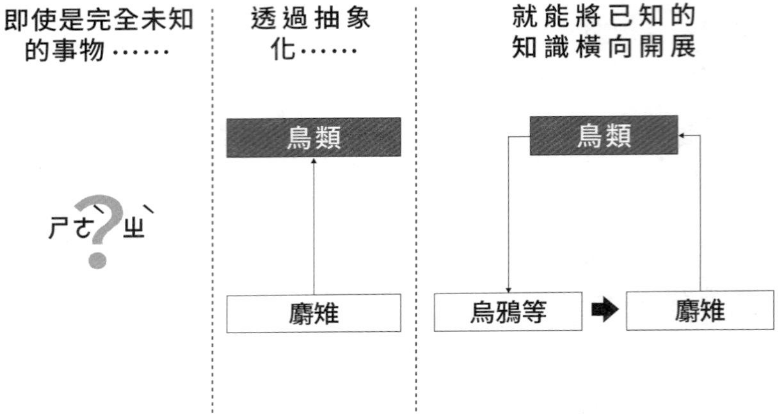
即使是完全未知的事物……
透過抽象化……
就能將已知的知識橫向開展
ㄕㄜˋ ㄓˋ
鳥類
麝雉
鳥類
烏鴉等
麝雉

來沒看過，也從來沒聽過。如果此時有人對你說「下週起，ㄕㄜˋ ㄓˋ就交給你了」，你一定完全不知道該怎麼辦。因為ㄕㄜˋ ㄓˋ對你來說是「未知」的。

但此時如果你知道了「ㄕㄜˋ ㄓˋ（麝雉）是一種鳥類」，又會如何？

你對麝雉本身一無所知，但以共通項目的「鳥類」為橋梁，就能推測出麝雉和你見過的烏鴉、麻雀等鳥類「一樣」，都是擁有鳥喙、長有羽毛、能在空中飛翔的動物。

這當下發生什麼事？其實就是——

- **你透過抽象化的共通項目「鳥類」，**
- **將麝雉視為與烏鴉、麻雀「相同之物」，**

・藉此將有關烏鴉和麻雀的知識，橫向開展到麝雉身上。

現在我們也來看看商業上的例子。某項生產作業改革專案中，提出了一項討論：「整間工廠裡正在故障的生產設備中，該從哪一個開始維修？」在技術人員有限的情況下，不可能同時對所有正在故障的生產設備進行維修，因此有必要設法優化維修工作。

這時候，你開始思考生產設備維修工作**「歸根究柢是為了什麼而存在」**。如果用「抽象化」的方式思考，就會得到這樣的答案：「在資源有限的情況下，讓該優先處理的對象復原，使整體能創造出最佳結果」。

這裡可以想到的類似情況，就是醫療中的「檢傷分類」(Triage)。「檢傷分類」是指，根據患者的嚴重程度，決定治療的優先程度。

那是否能運用檢傷分類的觀點，來得到線索？也就是說，你可以思考：對生產前線來說，什麼情況才算是「嚴重程度」較高？於是你推論出：當一個會對整間工廠的生產量造成影響的工程，也就是「瓶頸工序」(Bottleneck Process) 停擺時，那就是嚴重程度最高的情況。這時候，你便能制定出以下方針：「找出瓶頸工序的所在之處，如果該處有生產設備發生故障，那就讓技術人員前往該處維修」。

跟熟練的學習不同，橫向開展的學習不能只是一個勁兒地埋頭於眼前工作。我們要刻意去思考一項具體工作「歸根究柢是什麼」，提高該工作的抽象度，才能將過去學到的知識轉用至其他工作上。「抽象」一詞常常被放在否定的語境中，但在對既有知識施以槓桿的過程中，抽象化是不可或缺的技能。

透過已知了解未知的「類推」的本質

將某領域中的既有知識（檢傷分類）轉用在其他領域（生產設備維修）上。這種技法的根基，其實就來自於我們人類理解事物、認識事物時所使用的一種根本性的思考方式。

那就是「類推」。比方說，用植物的生長來比喻企業的成長，將其理解成「播種、栽培、結果、收穫」，這正是類推的思考方式。像這樣用其他事物的比喻來獲

〔圖 9-3〕類推的成立來自於三項要素：「類似性」、「已知」、「未知」

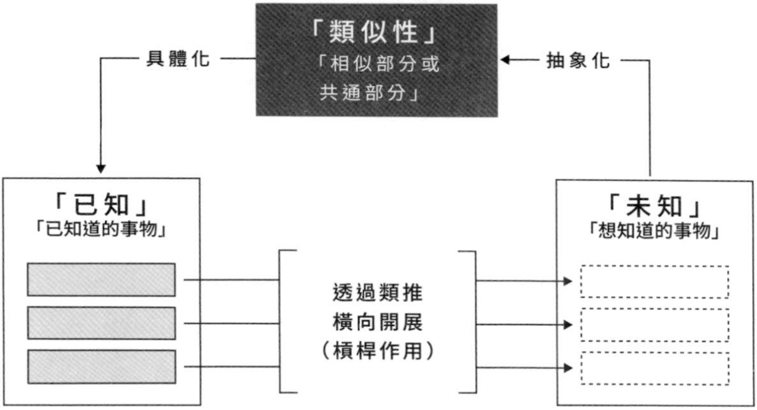

得理解，應該是每個人有意無意中都有過的經驗。

然而，如果只是在日常中下意識地加以使用，就無法讓類推的技巧得到徹底發揮。想要將類推使用得「更加巧妙」，就必須理解其本質，並且非常明確地意識到「這裡我要用類推的方式來思考」。因此，以下就要來介紹，類推的本質以及其實踐方式。

類推是什麼？類推就是找到與「想知道的事物」相似的「已知道的事物」，用「已知道的事物」做比喻來理解「想知道的事物」。若將「想知道的事物」稱為「未知」，「已知道的事物」稱為「已知」，那就可以說，**所謂的類推就是，試著將「已知」的內容套用在「未知」上，藉以得到新的理解**（圖9-3）。我們藉此就能對「未知」得到過去無從得知的假說或新覺察。

然而，光是將「已知」和「未知」並列起來，是無法產生類推的。以先前的例子來說，即使將「生產設備維修」和「檢傷分類」並列，我們也很難得到新的覺察。因為**我們需要先找出兩者之間所具有的某種相似或共通部分（類似性），才能將「已知道的事物」應用在「不知道的事物」上**。

整理一下目前為止的內容，我們就會知道，類推需要具備以下三項要素才能成立：想要知道的「未知」、能從中得到啟發的「已知」，以及連結起兩者的「類似性」。

那麼，我們該如何找出相似或共通部分？

那就是思考兩者的共通「目的」。說出來你或許會感到吃驚，但這正是類推的本質。

實際上思考事物的共通點時，可以從各式各樣的角度切入。只不過，我們現在的前進方向是，找出能解決問題以達成目的的手段。既然如此，**只要將目的當作共通點，思考「同樣是朝著達成目的邁進，有沒有其他有效的手段可用」，就有可能讓我們從「已知」中得到解決眼前問題的啟發。**從這個角度來看，類推也可以視為「目的思維」的一種衍伸。

管理顧問思維的精髓即「類推」的用腦方式

談過了類推的本質，現在就讓我們透過生產設備維修的例子，回顧類推的實踐方式。只要按照以下三步驟思考即可：

- **第一步：將「未知」的目的抽象化。**
- **第二步：聯想出一個具體的「已知」。**
- **第三步：透過「已知」了解「未知」。**

〔圖 9-4〕藉由共通目的連結「已知」和「未知」

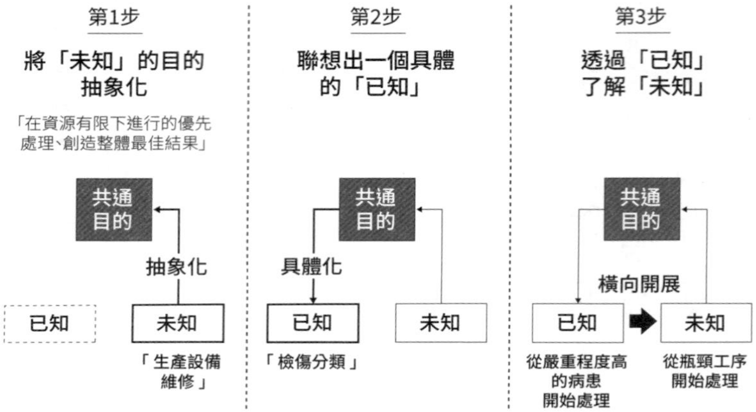

我們的題目是：整間工廠所有故障的生產設備中，要從哪一個開始維修？按照第一步，思考生產設備維修「歸根究柢是為了什麼而進行」。藉此找出視線提高一階（＝抽象化後）的「共通目的」：「在資源有限的情況下，讓該優先處理的對象復原，使整體能創造出最佳結果」。之所以要提高抽象度，是為了藉此連結到其他已知的領域，進而從中得到啟發。

下一步則是，以這個共通目的為起點，逐步想出具體的已知（已知道的事物）。也就是在理解「麝雉是什麼」的例子中，從共通項目「鳥類」聯想到烏鴉、鴿子的部分。在生產設備維修的例子中則是，藉由「在資源有限下進行的優先處理，創造整體最佳結果」的共通目的，聯想出「檢傷分類」這個在其他領域「已知道的事物」。

藉由共通目的連結起「未知」和「已知」後，最後一步就只需將「已知道的事物」橫向開展到「不知道的事物」上。應用「從嚴重程度最高的病患開始處理」的檢傷分類觀點，得到「從進行工廠的瓶頸工序的生產設備開始處理」的結論（圖9-4）。

我們甚至可以說，一個管理顧問面對在特定行業中打滾數十年的業界人士，依然能創造出價值的祕密，就在於類推。管理顧問可以自己一個人在數年之內歷經不同職業性質，包括生產、通訊、能源、教育、醫療保健等各種業界的專案。因此能將自己在這些專案中掌握的內容加以抽象化，轉化成「致勝模式」，藉此累積跨業界性的學習。只要將這些既有知識轉用到其他業界，就能提供連打滾多年的業界人士都察覺不到的有價值的意見了。如此強大的技法，沒有理由不使用。

「學習」的實踐步驟

到目前為止所談的「學習」，是以類推為基礎的「橫向開展的學習」。它在用腦方式上，和針對一處深入挖掘的「熟練的學習」不同，因此一開始可能不太容易上手。如果你也有這種感覺，那就表示這對你而言是個新事物，透過這個機會，你將學到不同以往的技能。因此，這裡會將「橫向開展的學習」重頭再梳理一遍，讓你更深入理解這項技法，並化作自己的一部分。

〔步驟一〕將意識拓展至問題的「外部」，發現類推可能性

要將已知的知識套用在未知上，起到槓桿作用，我們就必須學會使用類推的發想。為此，我們的腦中一定要有「我要使用類推」的想法。想當然耳，沒有使用類推的意願，就不可能讓類推的思維運作起來。

為什麼說「想當然耳」呢？因為我們往往會過分一直線地從正面思考問題。眼前的問題解不開時，如果我們只想說「這是因為這個問題還沒有被充分探討與理解」，或者「關於該問題自己擁有的知識和經驗不足」的話，我們就會封閉住自己在這個問題上的可能性。

要將既有的知識轉移到外部，就不能故步自封地將眼前的工作看成是「特有的事物」。或許你會想說「自己的工作是獨一無二的，不能用其他事物替換。門外漢的意見不值得參考」。但是這種切斷與「外界」的聯繫，將自己的世界封閉起來的心態，無法讓你的知識產生橫向的開展。

因此，即使是悖離習慣的思考模式，我們也必須「有意識、有自覺地」對既有知識施以槓桿，這一點十分重要。而我們需要做的就只是，強制性地將注意力放在知識的橫向開展上，積極問自己：「如何應用已知的知識？」「能不能用類推來思考？」唯有將意識向問題的外部敞開，我們才有可能用上類推的思考方式。

〔步驟二〕問自己「為了什麼」，引出共通目的

將意識向類推的可能性敞開後，我們該如何將既有的知識與眼前的工作連結起來？

關鍵在於，在既有的知識（已知道的事物）和未知的問題（想知道的事物）之間搭建起橋梁。要做到這一點，**就必須問自己，眼前的工作「歸根究柢是為了什麼」，藉以汲取出工作的本質**。換句話說，這就是「抽象化」的過程，也就是去除掉關於這項工作的獨有現象、特殊現象，只留下本質。

透過抽象化找出「共通目的」，就能藉由「共通目的」將眼前的工作與來自「外部」的既有知識連接起來。我們也可以說，共通目的是連通知識的中樞。

不妨以日常的工作為例來理解這種思考方式。我們來看看以下三項工作。

- **製成報告文件。**
- **聆聽公司內部／客戶聲音。**

・進行簡報。

無論你做的是什麼工作，應該在這些方面都有一些經驗。即使面對這類已經十分熟練的工作，只要對既有知識施以槓桿，依舊能透過新的視角加以改善。首先就是要思考：這些工作「歸根究柢是為了什麼」。

透過這個提問，就能將工作抽離其獨特性，汲取出視線更高階的目的。例如：

「歸根究柢是為了什麼？」

・製成報告文件↓「製作出滿足對方的提供物」。

・聆聽公司內部／客戶聲音↓「幫助理解並解決對方的問題」。

・進行簡報↓「透過說故事吸引聽講者」。

像這樣對工作的目的做高一階的抽象化，就能打開通道，連接外部的既有知識。具體要連接到什麼樣的知識，會在下個步驟中說明。

〔步驟三〕以共通目的為線索，回憶「已知之事」

我們在步驟二中，將具體工作抽象化，找出連結已知和未知的共通目的。接著就要以此為共通項目，思考「有沒有其他知識或事例也是如此」。也就是以共通目的為線索，聯想出其他相符的具體例子。

讓我們透過前面的例子來思考。以我們找出的共通目的為線索，就能從完全不同於原本工作的領域中，發現以下的相關事例：

- **「製作出滿足對方的提供物」↓料理**。
- **「幫助理解並解決對方的問題」↓心理諮商**。
- **「透過說故事吸引聽講者」↓落語**（譯註：一種日本傳統的表演形式，類似單口相聲）。

將目的當作共通項目進行中介，我們就能把原本完全不同的對象看作「相同的事物」。此處就是對既有知識施以槓桿的最大重點。

不過，你或許會想說：「要怎麼樣才能聯想出具體例子？」這個問題實在很難用語言回答。當我們看到靈感源源不絕的人，就會說「真想看看那個人腦袋裡長什麼樣子」，可能就是因為這種聯想能力是很難用語言說明的。若要打比方的話，感覺就像是在回答「腦筋急轉彎」，對「和〇〇目的相符的其他相關事例是什麼？」這個問題，靈機一動地想到答案。

從某個角度來說，這種能力具有極度「內隱知識」的性質，是一種無法用言語形容的大腦運作方式。不過，難以用語言說明，也有其好處，那就是別人很難模仿。就像是「若A則B，若B則C，因此若A則C」的邏輯思維可以透過語言寫出來，所以任何人都很容易習得，但當每個人都擁有這種能力時，它就會失去其優勢。因此，語言難以說明而讓人模仿不來的性質，反而是讓我們建立起獨特優勢的機會。這可說是不辭勞苦，翻越重重困難的人，才能獲得的獎賞。

〔步驟四〕從「已知之事」中得到對「欲知之事」的啟發

對既有知識施以槓桿的最後一個步驟，就是以共通目的為線索，從自己聯想到的事例中，找出對「想知道的事」有用的啟發。這麼一來，我們就能獲得與眼前工作沒有直接關係的「外界視角」，藉此得到平常無從得知的新覺察。

同樣讓我們根據前面的例子來看看如何實踐。

比方說，要從「料理」中找出對於「製作出滿足對方的提供物」的啟示時，首先要列出關於做出一道好「料理」有哪些重點是自己已知的。

- **備齊新鮮且優質的材料。**
- **熟悉符合該料理類別的烹飪方式。**
- **配合對方喜歡的口味做出味道上的調整。**

然後，根據原本的工作（製作出滿足對方的提供物）重新詮釋這些「成功要素」。將原本就儲存在你腦中的知識，化作「進行順利的模式」，套用在眼前所面臨的問題上，就能對既有知識施以槓桿。我們可以按照以下的方式思考：

- **「備齊新鮮且優質的材料」**
  ↓歸根究柢，沒有初始的資訊和數據，就不可能製作出資料文件。在資料文件的製作過程遇到阻礙時，就該回頭檢視一下，是不是輸入的材料不足。

- **「熟悉符合該料理類別的烹飪方式」**
  ↓報告資料文件也分成許多不同「種類」，像是工作日誌、工作週報、董事報告等等。確認一下是否有按照不同種類以適合的製作方式製作。

- **「配合對方喜歡的口味做出味道上的調整」**
  ↓不同的閱讀者會以不同的方式理解資料文件，有些人會想要針對數據的細節一一確認，有些人只要先看結論再知道大致的推論過程即可。製成資料文件時，要配合閱讀者的理解方式去製作。

〔圖 9-5〕既有知識的橫向開展：藉由「共通目的」從「已知道的事物」得到「不知道的事物」

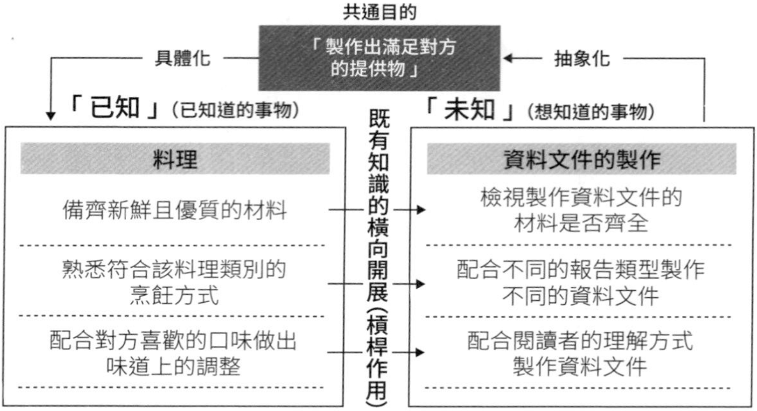

像這樣將眼前面對的工作的抽象度提高一階，就能對自己既有的知識施以槓桿（橫向開展）。這就是透過已知了解未知（圖9-5）。

身為領導者的你，在今後的職涯中一定會有必要從事毫無經驗的新工作、處理不曾面對的課題。要克服「未知的難題」，訣竅正是「對既有知識施以槓桿」，希望你也能學會這項祕技。

案例解方

那麼，就讓我們用本章所學到的「學習」技法，破解一開始的案例吧。

培育未來的新下屬，自己需要具備什麼條件？

其實最根本的出發點是，在面對問題時要抱著開放的心態。雖然過去沒有培育下屬的經驗，但也不必畏縮，不必擔心，也不用想說自己一定做不來。你的第一步，反而應該是將眼光投向問題的「外部」，想想看「自己已經知道的事物裡，有沒有什麼可以拿來應用的」，藉以發現類推的可能性。

建立好類推的心態後，接著要思考的就是，如何將眼前面對的「未知」（想知道的事物）加以「抽象化」，找出共通目的來連接「已知」（已知道的事物）。

你現在面對的工作是「今後要培育新來的下屬」。試著問自己這項工作**「歸根究柢是為了什麼」**，以提高問題的抽象度。於是，你得到的答案可能是「幫助對方成長，使他們能創造出成果」，而這就是你要拿來連結未知和已知的「共通目的」。

透過抽象化的方式思考，汲取出共通目的後，下一步就是從此處開始把已知「具體化」。根據「幫助對方成長，讓他們能創造出成果」的共通目的，試著聯想「在『已知道的事物』中有沒有其他符合這項共通目的的事例」。

然後，你想到了跟這項共通目的符合的事例，比方說是「栽種植物」。相信有些人小時候曾將牽牛花從種子種到開花，有些人看過橘子樹在果園裡栽種長大，人人腦中應該都有關於這方面的「已知道的事物」。

那麼，現在就來想想看栽種植物時的重點是什麼。例如，你想到了以下重點：

- 種植健康的種子或幼苗↓無論是要使其開花或結果，都必須先種植健康的種子或幼苗，否則什麼都長不出來。
- 調整成適合植物生長的環境↓每一種植物適合的生長環境不同。需要準備一個適合該植物的環境。
- 澆水和施肥↓不給植物該給的水分和養分，植物就會枯萎、凋零。
- 整枝修剪↓為了讓養分有效率地送達每個角落，修剪過度生長的枝葉也是必要之舉。

並不需要什麼高難度的專業知識，即使是這類常識範圍的知識，只要橫向開展到其他領域，也能成為創造新觀點的來源。

實際透過這些內容，找出對「未知」的「培育下屬」有益的啟示。只要把「已知道的事物」當作聯想的提示，靈活地找出對「想知道的事物」有益的啟示即可。然後，你得到了下列啟示：

- **種植健康的種子或幼苗↓給予下屬抱負與動機，作為他們成長動力的來源。**
- **調整成適合植物生長的環境↓理解每個人都有個體差異，配合下屬各自的特性調整工作環境。**
- **澆水和施肥↓教導下屬成長所需的知識與技能，當他們做得好的時候，也要給予獎勵。**
- **整枝修剪↓糾正下屬的問題的同時，也要發現他們的強項，幫助引導他們進一步發揮強項。**

帶領下屬時，毫無準備地見招拆招，跟預先準備好這些相關認知，結果肯定

〔圖 9-6〕日常生活的常識也能透過橫向開展，而成為新覺察的來源

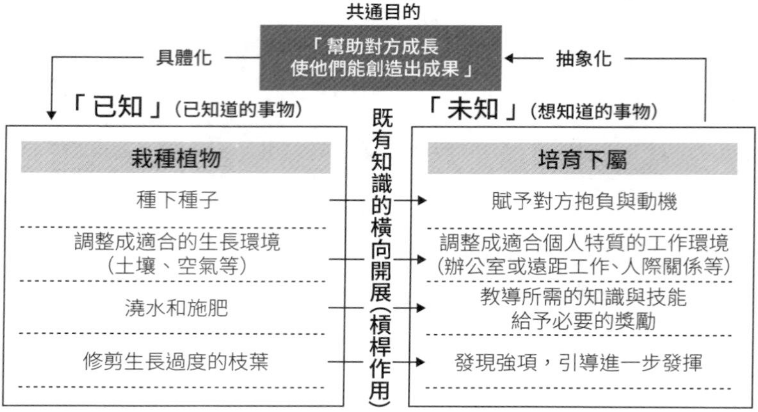

是完全不同的（圖9-6）。

需要特別注意的是，這些認知並非重新習得什麼樣的新知識，而是對既有的知識施以「槓桿」而得來的。能不能發揮過去的經驗，端看我們怎麼使用我們的頭腦。即使是被認為已經過時或毫無關係的知識，只要用高一階的視線重新詮釋這麼做是「為了什麼」，也能從中汲取出意想不到的新觀點。你的大腦中一定也存在著正在沉睡的寶藏，等著你用不同的視角去發現它們有別以往的光芒。

將一切化為成長助力的 LaX 技法

常常可以聽到有人討論一個問題：在學時期念的書是否重要？其中還有人說：「學校念的書，出了社會到底有什麼用處？」

對此，我的回答是「那就要看學的人怎麼使用學到的知識，只要懂得如何使用，學校的知識也能成為應用在工作上的類推寶庫」。現在日本之所以流行「重新學習」國高中科目，或許背後也存在這個因素。

重點在於，任何事都不能只學「事情的本身」。把國文「當作」是「解讀對方的論述，建立自己的意見的方法」來學習。把數學「當作」是「組合出邏輯正確之論述的方法」來學習。把英文「當作」是「了解英文使用者的思維與表達模式的來源」來學習。把歷史「當作」是「從一個較長的時間段，掌握事務、判斷事物的方法」來學習。像這樣把每件事都「當作」某種原則學習，就能讓我們學到超越教科書上所寫的、更重大的知識。

學習的材料當然不會局限在學校的科目而已。用「當作～」的態度看待身邊事物，那麼凡事都能成為我們學習的對象。這種學習方式被象徵性地稱為 **Learn as X（當作～學習）、LaX 技法**。學會如何善用 LaX 技法，就能一口氣打開我們的視野，讓我們汲取出更多與眼前工作相關的啟發。

豐田生產模式的創始人大野耐一先生，就是利用 LaX 技法對生產做出了革新。大野先生觀察到美國的超級市場，會在需要的時間針對需要的商品，只補充需要的數量。於是他把這「當作」改善生產前線的原則來學習，並將學到的知識轉用在生產前線，進而創造出著名的「及時生產技術」(Just in Time, JIT)。這正是知識的橫向開展。

只要懷著強烈的「我想要學到東西」的心態，即使是平凡無奇的日常，也能化為充滿啟示的寶庫。身邊的一切事物都能成為我們成長的養分。

將知識之網撒向萬事萬物，你看世界的方式也將跟著改變

這意味著，態度決定我們看世界的方式。鳥在飛，蟲在爬，魚在游。即使是這麼簡單的事，也可讓古人得到啟發：要用高處的「鳥眼」俯瞰整體，用地面的「蟲眼」掌握細節，用水中的「魚眼」洞察潮流。

大家常說專業很重要。就我來看，這說法只說對一半。因為，如果說專業只能探照到立體問題的單一面向呢？如果說過度沉浸在專業中，反而變得只能透過專業的有色眼鏡，以偏頗的視角理解事物呢？又或者，如果自己視若珍寶的專業，有一天不再為世人所需要呢？

LaX 技法並不以任何特定的專業為根基。也就是說，它是嘗試跨越領域，將知識之網無邊無際撒向各個角落。即使原本對於眼前的問題只有一種解決方式，也能透過 LaX 技法，拓展出其他途徑，嘗試用不同的方法處理。

這在複雜而不確定的今時今日，同時是一種無比強大的生存之道。誰也不能保證我們今後將遇到的問題，一定會朝著自己的專業而來。我們也絕不是因為「不是自己的專業」就甘於逃避的人。我們要張開知識之網，廣泛地接納各種未知的問題，試圖接近問題，解決問題。當我們願意接納的範圍越廣，創造出新價值的機會也將越開闊。從這個角度來說，「學習」就是我們未來的無限可能。

這本書所要拼出的完成圖，如今終於在我們手中大功告成。我們一路從「目的－目標－手段」的三層金字塔，談到「五項基本行為」，並看完了其中最後一項的「學習」。本書中所描述的一切展望，都是為了獻給希望成為一名引領團隊、引領組織，乃至引領未來的領導者而勇往直前的你。

終章

邁向新開始的思考「提問」地圖

沿著這本書所架起的梯子，我們終於要爬到最後了。我衷心期盼閱讀至此的你，已得到更高一層的視野，並能邁出腳步，踏向嶄新的地平線。爬完梯子的同時，眼前也是一個全新的開始。

對於即將朝新開始邁出步伐的你，最後我還有什麼可以相贈？

當我思索著這件事時，突然想起了一句話：思考總是始於「提問」。西元前的希臘哲學家提出了一個問題：「世界的根源是什麼？」從此人類的智慧就開始枝繁葉茂地開花結果。即使來到三千年後的如今，「提問」依然是讓我們的思考向前邁進的原動力。

所以，在這最後一章，我想將創造成果的「關鍵提問」(Key Questions) 一一整理出來，作為全書的總結，希望能讓朝新開始邁進的你如虎添翼。那些細枝末節的思考技巧不是重點，真正重要的是，你的心中必須存在提問。提出問題，對你的提問保持關切，不要停止對答案的探索。提問是所有價值的先決條件，探索始於提問。

關鍵提問

制定「目的—目標—手段」的提問

一開始，讓我們從制定「目的—目標—手段」的提問開始回顧。

這是貫穿這整本書的主軸。

首先是制定「目的」的提問。

在設定自己該達成的目的前，有幾個前提必須先掌握。其中之一就是目的在組織中的一貫性。記得嗎？組織會建立起階層結構。自己設定的目的，有連貫到上一層的目的，對其產生貢獻，才能讓整個組織作為一個大型的有機體，開始運動自己的身體，朝著創造更大的成果前進。因此，我們要提問：

・上層目的是什麼？

・它的背景是什麼？

另一個前提是，要先定出目的的範圍，以防你設定的目的毫無限制地擴散。為此而設定出的外框，是以時間軸和空間軸兩軸所構成，前者是指自己在組織中的位階，後者是指達到目的所需的時間。因此要提問：

・自己是站在什麼位階上設定目的？
・達到目的所需的時間軸大約多長？

如此一來，便能防止目的無邊無際地擴散，變得虛無縹緲。

像這樣整理出設定目的的前提，接著就可以思考現實中自己該達成的目的是什麼了。最基本的提問是：

・為了什麼？

這絕不是以一種賴皮的態度反問：「有必要做這工作嗎？」而是如同幼童般純真而直率地詢問：「為了什麼？」用這個提問來描繪出「為了實現新價值而作為前進方向的未來目的地」。

要思考出這樣的目的，就必須以自己內在的「意願」和「使命」為源頭。目的不只靠客觀事實設定，還需要加入自己的意志，也就是自己的主觀想法。此時，我們可以問：

- **想要達成什麼樣的狀態？**
- **應該達成什麼樣的狀態？**

透過這兩個提問，就能釐清自己的意志，並進一步挖掘自己的想法。

再者，當正面切入的思考方式無法找出目的時，另一個方法就是利用「反面提問」，從不同的角度切入。這時只要問自己：

・如果少了這項工作會怎麼樣？

當我們思考這個問題時，就能看出這個工作是為了什麼而存在的。

假設我們已經透過這些提問，思考出一個目的了。只不過，這個目的不那麼能讓我們立刻感到心悅誠服。目的是需要我們不斷琢磨、反覆詢問，直到自己完全接受為止的。連自己都說服不了的話，又要如何說服別人呢？因此，這時要反問自己：

・這是真正的目的嗎？

重點是要琢磨出一個不做任何讓步的目的。

像這樣建立起目的後，下一步是將目的具體化，變成「目標」。關鍵在於，目標必須一貫性地連結到目的。換言之，你設定的目標必須是一旦達成，就會直接對成就目的產生助益。因此，你要提問的是：

- **需要具備什麼來達成目的？**

- **目的的組成要素為何？**

像這樣從目的分解出數個目標的項目後，接著就要為這些項目設下具體的水準值。此時，只要從「距離」和「時間」兩個切入點提問，就能決定該如何在目的的中途設置目標，作為中途停靠站。

- **目標的水準達到什麼程度？**
- **達成為止的期間是多長？**

在決定水準要延伸到哪裡時，必須是將領導者的意志和目標，與實務工作者的意願，彼此加以磨合所得出的結果。如果目標看起來十分遠大而困難，那就不妨將其分解成更小的單位。記住笛卡兒的名言——「把困難分開解決」，問自己：

・要不要分解成小目標看看？

像這樣設定出的目標，會在組織或團隊的工作過程中，發揮里程碑的功能，激勵團員朝著里程碑前進。如果這些里程碑的位置設偏了，那麼無論耗費再多努力，也無法連結到成果。因此，詳細確認自己所設置的目標是否妥當，絕非一道多餘的程序。確認時，只要透過SMART原則詢問自己以下問題即可：

・Specific（**是否具體？**）
・Measurable（**是否可以測量？**）
・Achievable（**是否可以達成？**）
・Relevant（**是否能與目的整合？**）
・Time-bound（**期限是否明確？**）

經得起驗證的目標，才稱得上是「適宜的目標」。設定好「目標」，最後就要來思考抵達目標的「手段」了。最基本的提問是：

・要如何達成目標？

此外，由於手段就是「用來填補現狀和目標之間的落差」，因此我們也可以換一個形式問：

・需要具備什麼，才能填補與現狀的落差？

想要大致掌握達成目的、目標的手段時，最好就從這些簡單的提問開始問起。

另外，多提一項本書還未提到的內容——MVE（Mission-Vision-Enabler）的三連音（Triplet），這是一種「目的—目標—手段」的延伸概念。其中的E（Enabler：賦能者），是指讓任務（Mission）和願景（Vision）的實現化為可能的主要因素。應用這樣的思考方式，我們可以問：

・將目的和目標的實現化為可能的賦能者是什麼？

透過這個問題，就能讓我們思考出更加牢靠的手段了。

讓「五項基本行為」推向極致的提問

所謂策略，就是「描繪出實現理想樣貌必須路經的途徑」。如此說來，達成目的、目標的「手段」就可說是策略的核心。當我們想要把眼光投向更遠大的目的和目標時，就必須策略性地思考出必要的手段。要做到這件事，我們需要的是「五項基本行為」，也就是「認知」、「判斷」、「行動」、「預測」和「學習」。

首先，我們從「五項基本行為」中的基礎，即「認知」、「判斷」、「行動」中的「認知」的提問開始看起。「認知」是指，辨認出該解決的問題。當我們想要達成一個目標時，途中會存在著阻礙目標達成的「問題」。而這些「問題」，就是現狀與目標之間的落差。因此，為了察覺出問題，我們必須問：

．相對於目標，現狀是什麼樣子？

・哪裡存在著什麼樣的落差？

透過這些提問，比較現狀與目標的狀態，釐清兩者之間的差距。

另一方面，我們並不是要將找出的問題全部都解決，因為經營資源有限，我們的人生也有限。為了不浪費資源、浪費生命，我們就該學習愛因斯坦，好好思索什麼才是「正確的問題」。為此，我們要提問的是：

・對目標影響力較大的問題是什麼？

・從現實來看，是否有可能解決這個問題？

透過這樣的提問，區分哪些問題該解決，哪些問題該略過。

而為了從根本上解決問題，我們必須處理的是問題的真正原因，讓導致問題發生的因果關係被改變。正因如此，「為什麼」這個能夠向下挖掘問題原因的提問方式，無論在過去還是在未來，都是不可或缺的。

- **為什麼會發生這個問題？**
- **其因果關係的結構為何？**
- **問題的真正原因是什麼？**

找出來該解決的問題與其真正因素，接著就要開始「判斷」該對這個問題做什麼和不做什麼。

首先，要將自己辦不辦得到的限制暫時擱置，從零開始找出各種選項，才能從中選出「要做的事／不做的事」。如果只專注在同一個解決方案上，就有可能錯失原本有機會執行的更有效方案。因此，我們要把「我做得到／我做不到」的評估暫時放在一邊，中性地提問：

- **有哪些對策可以當作選項？**

先廣泛地蒐羅各種對策作為選項。

選項蒐羅齊全了，接著是設定「判斷準則」作為判斷的根據。這是極為重要的一個步驟。判斷準則的設定，不僅能讓我們做出優異的決策，還能讓我們流暢地向對方說明判斷的理由，進而獲得接納與信賴。為此，我們要問：

・這個判斷準則有多重要？

・要以什麼為判斷準則？

釐清判斷的根據，是做出優異判斷不可或缺的條件。

當「選項」和「判斷準則」都到齊了，就可以分別將其當成橫軸和縱軸交叉相乘，繪製成一個選項矩陣。然後逐一判斷哪些事該做、哪些事不該做，這樣才能「做該做的事」和「不做不該做的事」。這時，你要問：

・要將哪些當作優先執行的方案？

・要將哪些當作次後的方案／不執行的方案？

透過這些問題，一刀兩斷地明確區分出「要做的事／不做的事」，這樣就能幫助我們做出清晰的判斷。

經過了「認知」、「判斷」的思考步驟，我們就會知道針對問題，該用什麼方案因應。接下來，就是要將思考出的方案，一步一步落實成「行動」。歸根究柢，組織是「人」的集合體。無論制定的方案有多麼切中要害，只要沒有將方案具體落實，化作人的行動，那麼一切終究是空談。因此，我們必須問：

- **執行方案該如何進行？**
- **具體來說，需要什麼樣的行動？**

透過這兩個提問，將執行方案具體落實成可實踐的活動內容。這時候，活動內容的可實踐性，跟承接活動的當事人的力量有關，所以我們必須考慮到下面這個問題：

- **對對方而言可實踐嗎？**

如此一來，才能讓行動得以順利執行。

將這些透過前面過程所找出的行動，規劃成一系列有組織的活動，才有可能創造出巨大的成果。也就是說，我們必須將行動具體規劃成執行計劃。這時，必須確實掌握以下基本事項：

- **由誰來做？**
- **做到何時為止？**

同時提出這個問題：

- **行動的前後關係／相依性為何？**

藉由這個問題，讓組織的整體活動暢通無阻地環環相扣，才能讓活動保持前進的慣性，在執行中圓滑地推進活動。

到目前為止我們所談到的「認知、判斷、行動」，都是處理「現在的問題」的技法。

至於處理「未來的問題」則有其他技法，那就是「預測」和「學習」。

「預測」是指，在問題尚未浮上表面時，事先推測出風險，並防範於未然。透過「預測」，我們就能用微小的努力，解除潛在的龐大問題。

只不過，風險並非眼前正在發生的事，所以突然要我們思考「存在什麼樣的風險」，我們也會摸不著頭緒。風險是圍繞著「目的－目標－手段」中作為基底的「手段」而生的，因此這時候我們可以透過以下提問來挖掘風險：

- **是關於什麼的風險？／是在哪裡發生的風險？**
- **對哪個手段來說，會有什麼樣的風險？**

至於透過這些提問找出風險後，需不需對所有風險都進行處理？答案是不需要。畢竟經營資源有限，能夠分配出去的資源有限。有些風險需要我們耗費資源做出防範處理，有些則是應該接受風險而不做處理。因此，我們必須透過下列提問，評估風險的嚴重性：

・風險的影響力大嗎？（風險本身的威脅多大？自己的脆弱性多高？）

・風險發生的可能性高嗎？

接著，再提出以下問題，以辨別處理風險的緩急：

・哪些風險該優先處理？

・哪些風險要「接納」？

像這樣找出了應該處理的風險後，就針對這些風險，思考該提出什麼防範對策。只要提出以下提問，以風險對策的切入角度來思考具體方案即可。

・要使用什麼樣的風險對策？（減輕？迴避？轉移？）

這時，除了自己思考外，也要採納周圍他人視角的觀點，以及參考案例、公開報告等既有的知識，才能避開預測的盲點。

「五項基本行為」的最後一項是「學習」。將過去經驗中得來的知識昇華，利用知識的槓桿作用（＝橫向開展）解決新問題，我們就能接受並處理未知的問題。

要將已知（已知道的事）朝向未知（想知道的事）橫向開展，首先需要的是察覺橫向開展的可能性。如果只是盲目地直接面對問題，就無法活化知識，將過去習得的事物橫向開展。為此，我們必須提問：

- **既有的知識能否應用？**
- **能否用類推的方式思考？**

透過這些問題，讓自己留意解決未知問題時，有沒有可能利用類推、有沒有可能對既有知識施以槓桿作用。這是「學習」的起點。

接下來，要能真的將過去習得的知識橫向開展，連接已知和未知的橋梁是關鍵。為此，眼前該做的是，提出以下提問，得到抽象度高一階的目的：

- **歸根究柢是為了什麼？**

然後，我們就能透過這個目的，找出在已知和未知之間架起橋梁、建立起樞紐的「共通目的」了。

有了連結已知和未知的這個「共通目的」後，下一步終於要從已知中汲取出啟示，並將其導入未知中。為此，要提出以下提問，以聯想出原本就擁有的知識。

- **有什麼跟共通目的有關的「已知事物」？／相關的事例為何？**

接著再提問以下問題，將知識從已知轉移到未知：

- **已知事物、事例的重點為何？／其成功因素為何？**
- **這些能為「想知道的事物」帶來什麼啟發？**

像這樣將知識從「外部」帶入眼前的問題中，才有可能發現從正面無法思索出的新「手段」。既然「手段」是策略的核心，那麼「學習」就是一種催生出差異化新策略的強大技術。

透過這「五項基本行為」，就能在三層金字塔的底盤，奠定穩固的「手段」。最後必須確認的是，這套創造成果故事的連結——「目的—目標—手段」——是否連貫。就像要有電流從電源處不中斷傳送至燈泡，燈泡才能發光一樣，建立起手段對目標、目標再對目的層層貢獻的「流」，正是創造成果的訣竅。因此，最後不要忘記問：

- **「目的—目標—手段」是否前後連貫？是否一路順暢流通？**

用這個提問總結所有內容，讓這套創造成果的故事變得無懈可擊。

邁向新價值的思考「提問」地圖

如果要將我們到此為止所看過的每一個「關鍵提問」一次盡收眼底的話，它就會變成一張向自己探問創造成果故事的地圖，這張地圖會將未來如何實現新價值的途徑完整收納其中，如圖10－1所示。

看完覺得如何？這正是創造成果故事的全貌一覽，也是你在這本書中所走過的所有道路。透過這幅地圖，我們可以對創造成果的全貌一目了然；也可以讓我們在思索的過程中，了解自己前進了多遠、目前身處何處。當我們感到窒礙難行時，這幅地圖一定也能幫我們找出思考的瓶頸在哪裡。只要按圖索驥地往前翻到符合地圖該處的內容，就能放大該處，看到更詳細的景象。

提問，思考，找出答案。人類自古就是這樣進步而來的，未來也會像這樣進步下去。如果這幅地圖能在你未來前進的過程中，為你照亮即使只是一個角落，都會令我感到無比的榮幸。

五項基本行為

4「預測」未來的風險

事前推測風險
- 是關於什麼的風險？/是在哪裡發生的風險？
- 對哪個手段來說，會有什麼樣的風險？

評估風險
- 風險的影響力大嗎？
- 風險發生的可能性高嗎？
- 哪些風險該優先處理？
- 哪些風險要「接納」？

對風險祭出對策
- 要使用什麼樣的風險對策？（減輕？迴避？轉移？）

5「認知」該解決問題

發現問題
- 相對於目標，現狀是什麼樣子？
- 哪裡存在著什麼樣的落差？

辨別「正確問題」
- 對目標影響力較大的問題是什麼？
- 從現實來看，是否有可能解決這個問題？

深入挖掘原因
- 為什麼會發生這個問題？/因果關係的結構為何？
- 問題的真正因素是什麼？

6「判斷」要做的事／不做的事

設定對策和判斷準則
- 有哪些對策可以當作選項？
- 要以什麼為判斷準則？/這個判斷準則有多重要？

決定執行方案
- 要將哪些當作優先執行的方案？
- 要將哪些當作次後的方案／不執行的方案？

7 具體落實成「行動」

找出所有可能行動
- 執行方案該如何進行？
- 具體來說，需要什麼樣的行動？
- 對對方而言可實踐嗎？

具體落實成執行計劃
- 由誰來做？
- 做到何時為止？
- 行動的前後關係／相依性為何？

8 透過「學習」從已知了解未知

覺察施以槓桿的可能性
- 既有的知識能否應用？
- 能否用類推的方式思考？

找出共通目的
- 歸根究柢是為了什麼？

把已知向未知橫向開展
- 有什麼跟共通目的有關的「已知事物」？相關的事例為何？
- 已知事物、事例的重點為何？其成功因素為何？
- 這些能為「想知道的事物」帶來什麼啟發？

將執行方案和行動統整起來……

〔圖 10-1〕邁向新價值的思考「提問」地圖

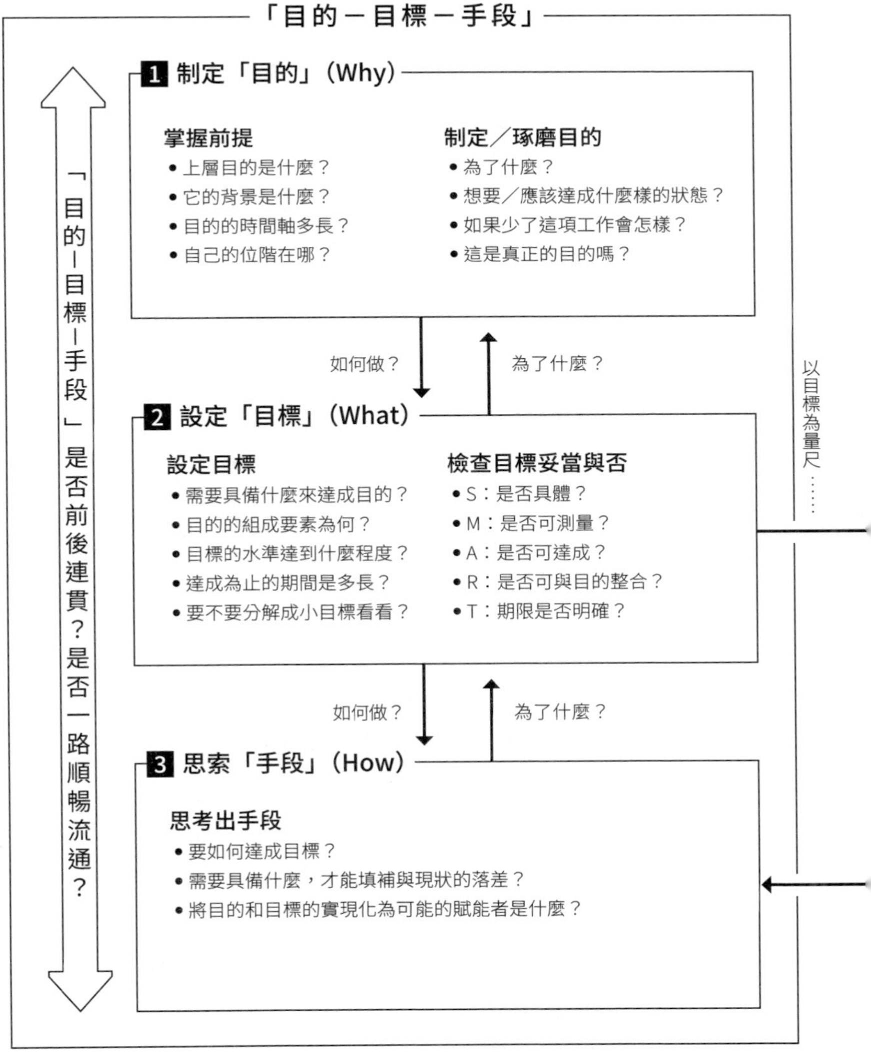

後記

我們為了什麼而存在

領導者是為了什麼而存在

這本書是寫給所有親自制定出組織或團隊該前往的目的，親手描繪出達成該目的的途徑，而不停為組織、團隊奮鬥的領導者。到目前為止，長篇大論地談了相關的各種套路與實踐之技法。

然而，還有一個重要的提問，被我們擱置一旁，那就是——

領導者是為了什麼而存在？

到目前為止的內容，都是為了身為領導者而奮戰的你、正朝著成為領導者邁進的你而撰寫。但我們是為了什麼而肩負起領導者的任務的？

・制定工作的計劃。
・管理下屬。
・管理工作進度。
・解決超出計劃外的課題。
・排解相關者之間的衝突……

大家的答案可能五花八門。每一項答案也一定都是領導者必須完成的任務。然而，這些稱得上是我們領導者必須實現的存在意義嗎？每一項任務本身，不都是能由其他人取而代之的嗎？既然如此，那我們就還沒有真正回答到這個被擱置的提問。

領導者是為了描繪目的（未來），並對其實現進行管理而存在

領導者存在的真正意義是什麼？你若已閱讀至此，那就應該能用更俯瞰性的視角解讀這個提問。讓我們用更遠一點的目光來眺望——如此一來就能發現，先前所舉的每一個任務，都是領導者為了實現更大的「目的」而使用的「手段」之一。

我們以領導者的身分而存在的目的，存在於更遠處，超越了「此時、此處」所能見。既然學過了目的思維，現在我們對於領導者為了什麼而存在，就能有以下理解：

領導者是為了達成目的、實現理想未來而存在。

其實，領導者並不是為了管理自己的下屬，管理工作的進度而存在。我們真正管理的是目的，是未來。我們必須超越「此時、此處」，朝著「將來的某時、某

處」實現理想的未來，孕育出新的價值。換句話說，就是——

描繪目的（未來），並對實現目的進行管理。

這份無可取代的使命，正是領導者所擔負的任務。

「目的思維」是幫助領導者完成使命的其中一種可能性

同時，這也是「目的思維」的精髓所在。將想要實現的未來定為「目的」，在前往目的的路上設下里程碑作為「目標」，找出達成目標所需的「手段」，並加以執行。這些正是領導者完成使命所需盡到的「非連續職責」。

不得不說，這是極為艱難的任務。現今世界變化之快、各種現象交纏之複雜、滾滾浪濤般的龐大資訊、超乎預期的不確定性——要在這種狀況下描繪出該有的未來並加以實現，絕非一件容易的事。只要是真心想達成領導者使命的人，一定每天都在為這些難題而焦頭爛額。

為了讓面對這些難題的領導者們可以一同奮鬥，身為當事人之一的我，寫下了這本書。描繪目的（未來），並對實現目的進行管理——倘若我們是為此而存在，那麼我們就會需要達成此事的「手段」。

關於完成領導者使命的「手段」，在坊間已有眾多理論，這本書是在其中又加入了一個新的可能性。為了完成領導者的使命，我們必須制定目的，描繪出達成該目的的創造成果故事。而我在這本書中鉅細靡遺寫下了其描繪方式，以及實踐上的心法和技法，也就是「目的—目標—手段」的三層金字塔結構，和「預測、認知、判斷、行動、學習」的五項基本行為的套路。

但願這本書能成為陪伴你持續奮鬥的助力，使你達成你理想中的目的，創造出更美好的未來。當這個願望如願以償時，這本書才完成了它的使命。

謝辭

文章（文本、text）一詞，據說和紡織物（textile）的辭源相同。回顧這本書的書寫過程，我發現自己真的不停地在文章中交織著各式各樣的經紗和緯紗。這個時代的特性、管理顧問的實踐、與客戶討論時得到的覺察、來自前輩的教導、過去閱讀過、書寫過、思考過的事物……等等。

這本書中提及的每一個提問，或許都曾有人回答過。但我將其織成了一塊巨大的紡織物。我不斷地在「目的」這個主題下，將本書整合成一幅完整的圖像，試圖從中得到新的風景。

之所以能得到這個嘗試機會，並向社會出版其內容，都要歸功於為我打開出版大門的谷中卓先生。這本書的出版企劃，雖然是經歷了重重困難才完成，但多虧有谷中先生一路不離不棄地伴我同行。對於谷中先生我有著道不完的感激。

我也由衷感謝擔任我的責任編輯，將內容製作成書，一直為我努力到最後一刻的千葉正幸先生。沒有千葉先生的幫助，從各種意義上來說，這本書都絕對不可能完成。

這本書是我在為期六個月的育嬰假中打造出雛形的。申請育嬰假時，田中昭二董事、首藤佑樹董事、田中宏明董事、入江洋輔董事不但給予我祝賀與掌聲，還爽快應允。在此，再次傳達我的感謝之意。

再者，雖然無法具名，但如果沒有過去提供我工作案件，並與我一起討論、一同奮鬥的每一位客戶，這本書一定會變得枯燥無味、毫無生氣。特別在此致上我由衷的感謝。

最後，要感謝我的妻子。從開始到完成的兩年撰寫過程中，妻子一直在身邊支持著我。當兒子不知不覺開始在家中東爬西竄、大肆破壞時，妻子總是主動安撫兒子，好讓我能騰出時間撰寫，她的用心與付出，實在令我感激不盡。我在此特別想說的是，未來有一天，兒子將會大到能拿起這本書，而這都要歸功於妻子作為人母的真心與奉獻。

二〇二二年二月

望月安迪

國家圖書館出版品預行編目資料

目的思維：用最小努力,獲得最大成果的方法／望月安迪著；李璦祺譯.——初版一刷.——臺北市：三民，2024

面；　公分.——（職學堂）

譯自：戰略コンサルタントが大事にしている　目的ドリブンの思考法

ISBN 978-957-14-7717-6（平裝）

1. 目標管理 2. 企業經營 3. 思維方法

494.17　　112018222

|職學堂|

目的思維：用最小努力，獲得最大成果的方法

作　　者｜望月安迪
譯　　者｜李璦祺
責任編輯｜翁英傑
美術編輯｜康智瑄

發 行 人｜劉振強
出 版 者｜三民書局股份有限公司
地　　址｜臺北市復興北路 386 號（復北門市）
臺北市重慶南路一段 61 號（重南門市）
電　　話｜(02)25006600
網　　址｜三民網路書店 https://www.sanmin.com.tw

出版日期｜初版一刷 2024 年 1 月
書籍編號｜S541590
I S B N｜978-957-14-7717-6

三民書局